ISBN 978-3-662-28089-8   ISBN 978-3-662-29597-7 (eBook)
DOI 10.1007/978-3-662-29597-7

Meinen Eltern

Ueber die Kronenabwölbung und Zuwachsschwankungen der Kiefer in Nordostdeutschland.

I. Einleitung.

Als mich im Frühjahr 1933 Herr Professor Wiedemann ermunterte, die Kronenabwölbung der Kiefer auf ärmsten Standorten näher zu untersuchen, ergab sich bald, daß die Kronenabwölbung ein viel allgemeineres Problem ist, das nicht nur auf schlechte Standorte beschränkt ist. Die Kronenabwölbung ist vielmehr eine in Ostdeutschland allgemein verbreitete Erscheinung. Der Vorgang der Kronenabwölbung und seine Ursachen sind bis jetzt noch nicht näher untersucht worden.

Daß die Kiefern auf besseren Standorten ihre Stämme in einer gewissen Höhe in Äste auflösen, ist uns ganz geläufig und erscheint uns als normal. Das Besondere an den Kiefern auf trockensten Böden ist aber, daß die Auflösung der Krone in Äste und die Kronenabwölbung in sehr geringer Höhe stattgefunden hat, so in der Lausitz und in anderen Gebieten schon in extremen Fällen in etwa 2 m Höhe, während wir es in Ostdeutschland als normal ansehen, daß die Kiefern je nach der Güte des Standorts in etwa 14—20 m Höhe den Schaft in Äste auflösen und im höheren Alter ihre Krone abwölben. In Skandinavien und in den deutschen Mittelgebirgen behält die Kiefer sogar eine spitze Krone mit durchlaufendem Schaft bis ins hohe Alter. In Norddeutschland kommen spitzkronige Kiefern bekanntlich in Ostpreußen vor.

Es reizte deshalb, die Frage von dem allgemeineren Standpunkt aus zu untersuchen, warum die Kiefer in Ostdeutschland vom einachsigen (monokornischen) zum mehrachsigen (polykornischen) Aufbau übergeht, und wie im einzelnen dieser Vorgang verläuft.

Zunächst wurde durch Zuwachsuntersuchungen versucht, festzustellen, wann die einzelnen Kiefern in einem Bestand sich in Äste auflösen und ob dies bei den Kiefern desselben Bestandes etwa gleichzeitig geschah. Sollte die Kronenauflösung und Abwölbung gleichzeitig eintreten, so mußte eine einheitliche Ursache anzunehmen sein. Dabei stellte es sich heraus, daß die Kronenauflösung und Abwölbung mit Zuwachsschwankungen zusammenhängt; daher wurde nun weiter untersucht, wodurch diese Zuwachsschwankungen bedingt sind.

Der normale, das heißt der mittels Durchschnittsbildung in den Ertragstafeln konstruierte Zuwachsgang der Kiefer ist bekannt; er verläuft nach der „großen Periode". Dadurch, daß man den Zuwachs einer großen Zahl von verschieden alten und in verschiedenen Kalenderjahren gewachsenen Kiefernbeständen feststellte, konnte man alle inneren und äußeren Faktoren ausschließen und erhielt die Funktion des Zuwachses zu dem Faktor Lebens=zeit. Man stellte fest: Die Kiefer wächst in der Jugend langsam, der Zuwachs steigt dann sehr schnell an, um vom Stangenholzalter ab schnell wieder zu sinken.

In der Wirklichkeit wächst die einzelne Kiefer ganz anders; denn weil in diesem Jahr eine bestimmte Kombination von Faktoren, im zweiten eine ganz andere den Zuwachs in erster Linie bestimmt, springt der Zuwachs von Jahr zu Jahr hin und her. Neben diesen k l e i n e r e n S c h w a n k u n g e n sind l ä n g e r e S t o c k u n g s p e r i o d e n und Zeiten besonders hohen Zuwachses für den Zuwachsgang der Kiefer charakteristisch. Da es sich zeigte, daß dieser rhythmische Verlauf des Zuwachsgangs für die Gestaltung der Kiefernkrone besonders wichtig ist, ist es eine Hauptaufgabe dieser Unter=suchung, die Gesetzmäßigkeit dieser Schwankungen näher zu klären.

Bekanntlich spielen bei den Zuwachsschwankungen nach den Arbeiten von S c h w a r z, S c h u b e r t und W i e d e m a n n K l i m a s c h w a n k u n g e n eine große Rolle. In Ostdeutschland wirken vor allem D ü r r e p e r i o d e n sehr schädlich auf den Kiefernzuwachs, daneben spielen aber auch andere Klimafaktoren eine bedeutende Rolle. Man kann daher bei der Betrachtung des Einflusses eines Einzelfaktors wie z. B. solcher Dürreperioden auf den Zuwachs niemals streng gesetzmäßige Abhängigkeiten, sondern nur gewisse Beziehungen erwarten. Der Bedeutung wegen, die das Klima für die hier behandelten Fragen hat, wird es für die Untersuchungsgebiete im Abschnitt II näher geschildert.

Plötzliche Zuwachsveränderungen werden aber nicht nur durch Klima=schwankungen, sondern auch durch p a t h o l o g i s c h e S c h ä d e n tierischer und pflanzlicher Art hervorgerufen. Diese Erscheinungen sollen deshalb in diesem Abschnitt ebenfalls kurz besprochen werden.

II. Klimaschwankungen und pathologische Schädigungen.
a) Allgemeines.

Wenn die Kiefer auch auf dürregefährdeten Standorten vorkommt, die die Feuchtigkeit liebende Fichte z. B. nicht mehr besiedeln kann, so ist der Zuwachs der Kiefer doch auch weitgehend von dem hier im Minimum vor=kommenden Wasser abhängig. Die nähere Untersuchung wird dadurch sehr erschwert, daß die meteorologische Erfassung der Witterung für pflanzen=physiologische Untersuchungen sehr unvollkommen ist. Denn zur Unter=suchung des Zusammenhanges zwischen Dürreperioden und Zuwachs genügt nicht allein die Kenntnis des zur Verfügung stehenden Wassers, sondern man muß auch wissen, wieviel die Pflanzen v e r d u n s t e n mußten. „Trocken=heitsperioden schädigen dann die Pflanzen, wenn diese nicht mehr die für

ihre Transpiration erforderlichen Wassermengen im Boden vorfinden."
Mitscherlich (16)[2]. Die Angaben über die Verdunstung sind bis jetzt
aber noch sehr unvollkommen, da ihre Methodik noch nicht allgemein aner=
kannt ist, so daß vergleichbare Verdunstungsmessungen für ausgedehntere
Untersuchungen noch nicht vorliegen. Es bleiben als hauptsächliche Grund=
lage die Niederschlagsmengen.

Bei den folgenden Betrachtungen wird vor allem der Niederschlag
der Vegetationszeit herangezogen, da die Niederschläge während
dieser Zeit für den Zuwachs der Kiefer nach allen bisherigen Untersuchungen
besonders wichtig sind. Die großen Schwierigkeiten bei der zahlenmäßigen
Erfassung zeigen sich darin, daß die Vegetationszeit nach den Unter=
suchungen von Burger (1) nicht nur bei den einzelnen Holzarten, sondern
auch jahrweise und nach Wuchsgebieten verschieden ist. Außerdem ist aber
nach Büsgen=Münch (2) die Länge der Vegetationszeit, während der
günstiges Wetter ausgenutzt werden kann, erblich bedingt. Die Bestimmung
der für die Berechnung heranzuziehenden Zeit ist also immer mehr oder
weniger willkürlich. Um die Zeit kurz vor der Vegetationszeit mit zu er=
fassen, könnte man z. B. den Monat April mitberücksichtigen. Es ist auch
fraglich, ob der Monat September zur Bildung der Reservestoffe überhaupt
noch herangezogen werden muß. Da bei den Untersuchungen die von
Wiedemann angenommene Vegetationszeit Mai bis September
sich besser als andere Berechnungsarten bewährte, ist sie in der ganzen Arbeit
angewandt worden. Außerdem wurde der Gang des Jahresniederschlags
und der Niederschlag der ganzen Sommermonate bei der Auswertung berück=
sichtigt.

Wiedemann (30) fand, daß nicht die Gesamtmenge der Nieder=
schläge in der Vegetationszeit wesentlich ist, sondern daß einzelne Minima
für den Zuwachs besonders schädlich sind. Diese Sommerdürren
haben eine so starke pathologische Wirkung, daß sie auf eine Reihe von
Jahren fortwirken. Wiedemann drückte den Grad der Sommerdürre
durch Summen von Dürregraden der Monate der Vegetationszeit aus;
diese Berechnungsart habe ich im folgenden übernommen. Selbstverständlich
könnte man auch andere Berechnungsarten anwenden.

	Niederschläge mm	Dürregrad
Im Monat	31 — 40	1
" "	21 — 30	2
" "	11 — 29	3
" "	0 — 10	4

[2] Die Nummern hinter den Autoren beziehen sich auf das Schriftenverzeichnis
am Schluß des Aufsatzes.

Außer der Betrachtung der jährlich verschieden starken Dürren wurde untersucht, ob sich im Untersuchungsgebiet vielleicht m e h r j ä h r i g e P e r i o d e n größeren und geringeren Niederschlags feststellen lassen und ob etwa diese Schwankungen verschieden stark waren.

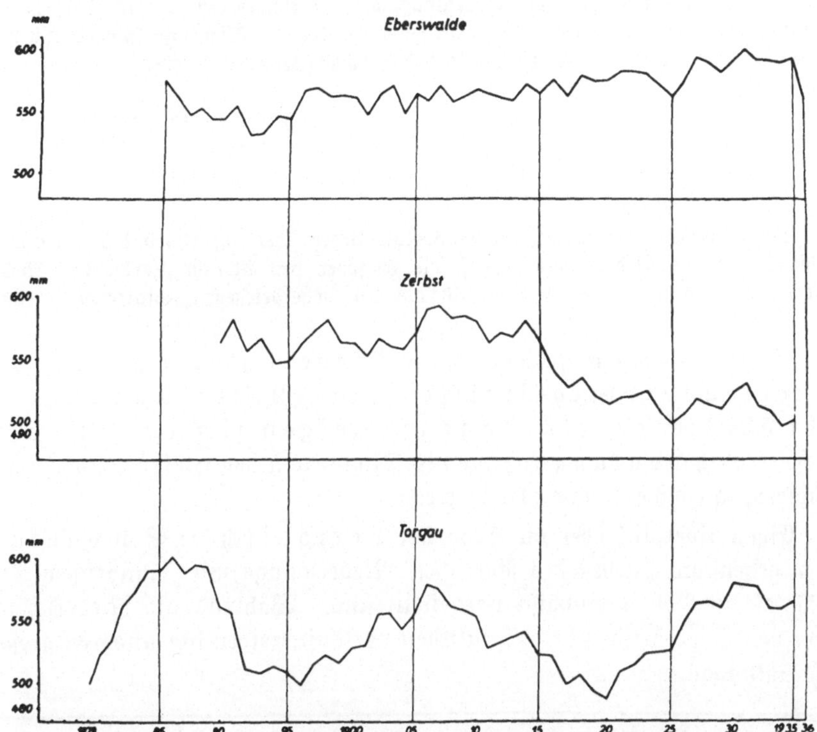

Abb. 1. Periodische Schwankungen des Niederschlags in Eberswalde, Zerbst und Torgau. Die Niederschlagskurven mit 10jährigem Ausgleich wurden dargestellt, indem für jedes Jahr der durchschnittliche jährliche Niederschlag des vorhergehenden Dezenniums aufgezeichnet wurde. Die Kurve verläuft in Eberswalde sehr ausgeglichen, dagegen schwankt der Niederschlag in Zerbst und Torgau in größeren Perioden.

b) Das Niederschlagsklima der Untersuchungsgebiete.

Entsprechend der Verteilung der Wachstumsuntersuchungen wird das Niederschlagsklima des Gebietes um Eberswalde, Hundeluft-Bärenthoren, Annaburg nördlich von Torgau und Peitz bei Kottbus näher geschildert.

Da die Kenntnis des jährlichen Ganges der Niederschläge für die Unter= suchungen erforderlich war, mußte ich auch vom Untersuchungsort weiter ab= gelegene Regenstationen mit längeren Beobachtungsreihen heranziehen, wenn meteorologische Beobachtungen nicht vom Ort selbst vorlagen. Die Nieder= schlagsreihen konnte ich aus handschriftlichen Zusammenstellungen des Reichs=

amts für Wetterdienst entnehmen, außerdem wurden die einschlägigen Ver=
öffentlichungen benutzt (6 und 27).

Der Niederschlag in allen vier Gebieten schwankt etwa um 550 mm.

In der Nähe von Zerbst und Hundeluft=Bärenthoren liegt nordöstlich ein Gebiet
etwas höheren Niederschlags; es ist der Westhang des Flämings, der diesen erhöhten
Niederschlag verursacht, nach der Niederschlagskarte ein kleines Gebiet mit 600—650 mm
Niederschlag; dieser den Niederschlag erhöhende Einfluß des Flämings spiegelt sich schon
in den Niederschlägen der beiden Bärenthoren nächstgelegenen Stationen Grimme und
Köselitz wider.

jährl. Niederschlag
mm

Grimme	 587
Köselitz	 618

Die Reviere Bärenthoren und Hundeluft liegen aber außerhalb des eigentlichen
Gebietes höheren Niederschlags, so daß die Angaben der Station Zerbst den Nieder=
schlagsgang richtiger zeigen werden als die der nähergelegenen Stationen Grimme
und Köselitz.

Gemessen am jährlichen Niederschlag scheinen die
Niederschlagsverhältnisse der Untersuchungsorte
sehr ähnlich zu sein, dagegen zeigen sich in den jähr=
lichen Schwankungen, die als Dürrezeiten den Kiefernzuwachs stark
schädigen, große Unterschiede.

Einen Überblick über die Höhe der periodischen Schwankun=
gen geben die Kurven des jährlichen Niederschlags mit 10jährigem Aus=
gleich, die in Abb. 1 graphisch dargestellt sind. Während die Niederschlags=
kurve von Eberswalde sehr ausgeglichen verläuft, zeigen die anderen größere
Schwankungen.

	Maximum mm	Minimum mm	Differenz mm
Eberswalde	602 (1922/31)	531 (1883/92)	71
Zerbst	593 (1898/07)	498 (1916/25)	95
Torgau	602 (1877/86)	488 (1911/20)	114
Peitz [3]	589 (1898/07)	523 (1911/20)	66

Die größte durchschnittliche Differenz kommt also in Torgau mit 114 mm
vor, unausgeglichen beträgt der Unterschied für Torgau zwischen dem
Maximum 790 mm im Jahr 1926 und dem Minimum 310 mm im Jahr
1892 480 mm; in Eberswalde beträgt er nur 382 mm zwischen dem Maxi=
mum 785 mm ebenfalls im Jahr 1926 und dem Minimum 403 mm im
Jahr 1908, während in Peitz, dessen Niederschlagskurve verhältnismäßig
ausgeglichen verläuft, die Differenz zwischen Minimum und Maximum

---

[3] In der Abbildung nicht dargestellt.

442 mm beträgt. Eine Vorstellung über die Höhe der Schwankung gibt ein Vergleich der Differenz zwischen Maximum und Minimum mit dem geringsten vorgekommenen Jahresniederschlag. Der Unterschied zwischen Minimum und Maximum liegt in Eberswalde noch 20 mm unter dem geringsten Eberswalder Jahresniederschlag, während diese Differenz in Torgau eine Höhe erreicht, die 170 mm über dem geringsten Jahresniederschlag liegt.

In Torgau schwankt die Niederschlagskurve mit 10jährigem Ausgleich in großen etwa 20jährigen Perioden. Ähnlich verlaufen die Schwankungen in Zerbst; wenn sie auch nicht so stark wie in Torgau sind, so laufen die beiden Kurven doch weitgehend parallel. Dagegen sind diese Perioden in Eberswalde nicht zu erkennen, deutlich ist nur eine durchschnittlich sehr trockene Zeit um 1892 und eine feuchtere Zeit nach 1921; dazwischen schwankt der Niederschlag in so kurzen Zeiträumen, daß die Schwankungen im 10jährigen Ausgleich verschwinden.

Auf Abb. 2 ist der Gang der jährlichen Dürresummen während der Vegetationszeit für einige Stationen aufgezeichnet. Durch

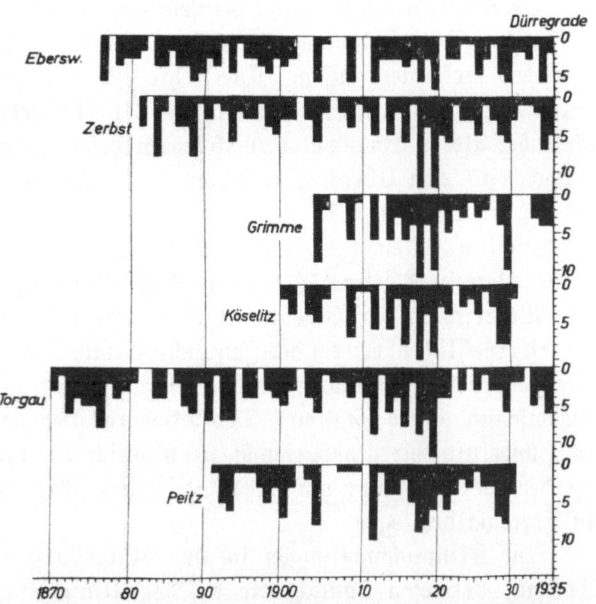

Abb. 2. Die Sommerdürren sind als Summe der in den Monaten Mai bis September vorgekommenen Dürregrade als schwarze Balken dargestellt. Die Trockenperioden häufen sich in der südlichen Mark gegenüber Eberswalde und sind sehr viel stärker.

große Dürren fallen einzelne charakteristische Jahre sofort auf, und zwar vor allem die Jahre 1888, 1893, 1904, 1908, 1911, 1917, 1919, 1929 und 1934. Wenn diese Jahre auch in allen Reihen hervortreten, so werden in Eberswalde doch lange nicht so starke Dürren erreicht wie in den Räumen um Bärenthoren und Annaburg. Die Schwankungen zwischen den Kalenderjahren sind in den beiden südlichen Gebieten sehr viel schärfer als in Eberswalde, indem in Bärenthoren-Hundeluft und Annaburg zwar die normalen Jahre in der Vegetationszeit nicht so trocken sind wie in Eberswalde, dafür sich aber die eigentlichen Trockenjahre sehr viel stärker ausprägen.

Es wird später gezeigt werden, daß die Zunahme der Niederschläge im Anfang des Jahrzehnts 1920 einer starken Zuwachssteigerung entspricht.

Deshalb muß dieses Einsetzen höherer Niederschläge noch
etwas näher untersucht werden.   Betrachtet man die nach Monaten aufge=
gliederte Niederschlagstabelle von Eberswalde, so stellt man fest, daß im Jahr
1920 im April und Mai zusammen 242 mm fielen, während nach 60jährigem
Mittel nur 85 mm fallen; das nasse Jahrzehnt 1920/30 setzte also ganz
plötzlich mit sehr starken Niederschlägen ein.   Da sie gerade im Anfang der
Vegetationsperiode in einer Zeit fielen, in der sonst gerade die Frühjahrs=
dürren vorkommen, wirkten sie natürlich besonders günstig.

Oben wurde schon darauf hingewiesen, daß sich besonders in den südlichen
Teilen des Untersuchungsgebietes in den Niederschlagsschwankungen größere
Perioden erkennen lassen.   Die letzte Periode geringer Niederschläge, an
deren Ende die beiden Dürrejahre 1917/19 stehen, wurde ähnlich, aber
schwächer als in Eberswalde durch starke Frühjahrsniederschläge abgeschlossen.
Abweichend von Eberswalde setzten diese Aprilniederschläge in Zerbst und
Köselitz aber schon 1919 ein, indem in Zerbst 68 und in Köselitz 86 mm
Niederschlag fallen (normaler Aprilniederschlag in Zerbst 39 mm), auch
1920 fallen in Köselitz 114 mm, in Zerbst allerdings nur 68 mm, 1922 liegt
der Niederschlag der Vegetationszeit in dem Gebiet um Hundeluft=Bären=
thoren erheblich über dem des Jahrzehnts nach 1911.   1926 fallen in Grimme
allein in der Vegetationszeit 547 mm, das ist fast der normale Jahres=
niederschlag dieser Station.   Der Wiederanstieg der Niederschläge setzt also
in Hundeluft=Bärenthoren nicht so plötzlich ein wie in Eberswalde, dafür
werden aber im Raum um Hundeluft später Maxima erreicht, die über denen
in Eberswalde liegen.

Die Klimaschwankungen in der Umgebung von Annaburg (Station
Torgau) verliefen ähnlich wie in der Umgebung von Bärenthoren; die
Schwankungen waren aber noch schärfer.   In einzelnen Jahren war der
Wasservorrat also noch mehr an die Grenze des Minimums herabgesetzt,
während er in anderen Jahren wahrscheinlich an das Optimum heranreichte.

c) Pathologische Schädigungen.

Neben den klimatischen Schwankungen sind die pathologischen Schäden
ein wichtiger Grund für Zuwachsstörungen.   Aus der großen Gruppe dieser
Schäden rufen allgemeine weit verbreitete Zuwachsrückgänge in einzelnen
Jahren besonders Insektenkalamitäten und Pilzinfek=
tionen hervor.

Es ist bekannt, daß auch viele Insektenkalamitäten stark klimatisch be=
dingt sind.   So treten nach Schwerdtfeger (26) die Epidemien von
Spanner, Spinner, Eule in bestimmten Trockengebieten mit auffallend ge=
ringen Niederschlägen auf.   Auch der Wickler bevorzugt Kulturen auf ge=
ringen trockenen Standorten; er richtet gerade hier besonderen Schaden an,
während er auf besseren Standorten nicht so schädlich ist.   Sehr oft fallen die

Insektenschäden gerade mit Trockenjahren zusammen oder folgen auf sie, so daß es schwer zu entscheiden ist, ob ein Zuwachsrückgang primär eine Folge des Dürrejahres oder des gleichzeitigen Insektenfraßes ist. Während bei Insektenkalamitäten wohl meist damit gerechnet werden kann, daß der Fraß als solcher stark schädigend wirkt, ohne daß eine besondere Disposition der Kiefer hierzu nötig war, wird bei Pilzschäden neben einer Massenverbreitung der Pilzsporen auch eine besondere Empfänglichkeit der Kiefer nötig sein.

Von den verschiedenen Pilzschäden kommt für allgemeine Zuwachsrückgänge bei der Kiefer besonders das Kieserntriebsterben durch Cenangium abietis in Betracht. Schwarz (24) und auch Liese (15) nehmen an, daß dieser Pilz epidemisch besonders dann auftritt, wenn die Kiefern vorher geschwächt wurden. Die beiden aus neuerer Zeit bekannten Kalamitäten 1892 und 1934 traten gleichzeitig mit Trockenjahren auf. Es scheint also, daß die Kiefern durch die Trocknis für den Cenangiumbefall besonders empfänglich wurden. Dadurch ist es auch zu erklären, daß die Krankheit besonders auf trockenen Böden auftritt, wenn sie naturgemäß auch auf besseren Böden vorkommt, wie dies der allgemeinen Verbreitung der Pilzsporen entspricht.

Indirekt haben also auch hier Trockenjahre eine große Rolle gespielt. Nachträglich läßt sich nun schwer entscheiden, worauf der bei meinen Untersuchungen z. B. oft gefundene Zuwachsrückgang nach 1892, nach 1911 usw. primär zurückzuführen ist. Das ist aber für die vorliegende Aufgabe auch nicht so wichtig, entscheidend ist vielmehr, daß in gewissen Trockenperioden Zuwachssenkungen überhaupt eintraten.

III. Die Kronenentwicklung im ariden Gebiet.

Zur Klärung der Kronenabwölbung mußte die Kronenentwicklung der Kiefer von der Jugend bis ins Alter und auf verschiedenen Standorten untersucht werden. Das einzige Mittel hierzu, die Entwicklung an demselben Stamm für längere Zeit zu verfolgen, ist die Kronenanalyse. Diese Kronenanalysen wurden deshalb an Stämmen des verschiedensten Alters und auf verschiedenen Standorten ausgeführt[*].

a) Die Methode der Kronenanalyse.

Die Arbeitsweise ist bei älteren und jüngeren Kiefern etwas verschieden, sie wird deshalb im folgenden getrennt geschildert. Die erste Methode kann man nur bei Kiefern anwenden, bei denen auch die Äste der unteren Quirle noch verhältnismäßig vollzählig erhalten sind, und bei denen noch keine Differenzierung der Äste in Haupt- und Nebenäste stattgefunden hat. Wenn die Äste eines Quirls nur noch zu zweien oder auch nur zu einem erhalten oder ganz verschwunden sind, und sich einzelne Äste ganz besonders stark entwickelt haben, muß die später geschilderte Methode angewandt werden.

---

[*] Bei diesen zeitraubenden Analysen unterstützte mich der jetzige mecklenburgische Forstassessor J. Schumann auf das selbstloseste.

Selbstverständlich müssen die Kiefern so sorgfältig zur Erde gebracht werden, daß möglichst wenige Äste zerbrechen und sich die Äste auf der Erde möglichst in natürlicher Lage ausbreiten können. Ist die Kiefer gefällt, so werden sogleich die Jahrringe am Stock gezählt und die gesamte Stammlänge gemessen. Außerdem wird die Höhe des ersten lebenden Astes über dem Erdboden festgestellt.

Zur Bestimmung des jährlichen Höhenzuwachses werden jetzt von der Spitze her die Jahrgänge der Höhentriebe bestimmt. Bei jüngeren Kiefern werden sich beim Bestimmen der Höhentriebe nur wenig Zweifel ergeben; dort, wo die Bestimmung unsicher wird, muß der Schaft bis zur Markröhre aufgehauen werden, damit man die Jahrringzahl mit der Zahl der Höhentriebe vergleichen kann. Möglichst darf aber der Stamm bei dem Aufhauen nicht ganz geteilt werden, weil sonst die richtige Lage der Kronenteile verlorengeht. Ergeben sich keine Unstimmigkeiten, so wird der Stamm zum mindesten unter dem ersten lebenden Ast aufgehauen; durch diese Jahrringzählung wird die Bestimmung der Höhentriebe kontrolliert.

Ebenso werden die Jahrgänge der Höhentriebe des Schaftes unter der Krone festgestellt, soweit sie sich durch Aststummel und Rindenmerkmale abgrenzen lassen. Nach einiger Übung wird man erstaunt sein, wie lange dies noch möglich ist; eine Kontrolle durch Jahrringzählung ist selbstverständlich immer notwendig. Sind so die Höhentriebe die Schaftes gesichert, so werden die Wuchsjahre der Haupttriebe der Äste auf dieselbe Art und Weise bestimmt. Hierbei werden sich schon öfter Unstimmigkeiten besonders bei den älteren Ästen ergeben; diese muß man dann durch Nachzählen an den Seitenästen zu beseitigen suchen. Auf jeden Fall muß man ja am Grund der Äste eines Quirls immer zur gleichen Jahreszahl gelangen, wenn die Zählung richtig ist. Sind so die Triebe einer Krone festgestellt, so kann sie vermessen werden.

Mit einem Zollstock werden die Trieblängen des Schaftes und der Äste festgestellt. Im allgemeinen wird man sich dabei auf die Messung der Haupttriebe der Äste beschränken, nur bei eigentlichen Astanalysen wird man auch noch die Seitenäste messen.

Zur Darstellung der Krone wird der Höhenzuwachs der Hauptachse auf einer Senkrechten in einem geeigneten Maßstab eingetragen, dabei werden charakteristische Krümmungen der Hauptachse selbstverständlich berücksichtigt. Da nicht alle Äste eines Quirls in einer übersichtlichen Zeichnung dargestellt werden können, wird der durchschnittliche Längenzuwachs aller Äste eines Quirls für die einzelnen Kalenderjahre errechnet. Dieser durchschnittliche Astzuwachs wird dann für jedes Kalenderjahr auf einer schräg zur Hauptachse verlaufenden Geraden eingetragen, als Beispiel s. Abb. 3.

Der Einfachheit wegen nahm ich bei den jüngeren, regelmäßig gebauten Kiefern bei der graphischen Darstellung einen Astabgangswinkel von 45° an, obwohl ältere Äste an sich einen größeren Abgangswinkel haben. Da aber in diesem Alter jeder Quirl in der Krone noch Äste hat, meist sogar mehrere, kommt es bei der Rekonstruktion der Kronenoberfläche früherer Jahre nicht auf den einzelnen Ast an, und auch der Abgangswinkel spielt für die Form der Krone keine bedeutende Rolle.

Um ein plastisches Bild des Kronenkegels zu erhalten, wird der Astzuwachs nach beiden Seiten der Hauptachse eingetragen; ist von einem Quirl allerdings nur ein Ast erhalten, so wird der Ast nur nach einer Seite eingezeichnet.

Diese schematische Darstellung der Krone entspricht einigermaßen dem regelmäßigen Aufbau der jüngeren Kiefer. Bei aufgelösten Kronen mit mehreren Hauptästen muß die Analyse etwas anders graphisch dargestellt werden.

Wie dies schon D e n g l e r (4) beschreibt, müssen diese weitverasteten Kiefern besonders vorsichtig zur Erde gebracht werden. Die Höhentriebe werden in derselben Weise wie oben beschrieben bestimmt. Da die jährlichen Trieblängen bei der älteren Kiefer sehr gering werden, ist an den stärkeren Ästen die Bestimmung der Wuchsjahre oft sehr schwierig, weil die durchschnittlich meist nur 2—6 cm langen Internodien schnell überwachsen werden. Durch häufige Jahrringzählungen und Nachprüfen an Zweigen niederer Ordnung wird es meist möglich sein, den jährlichen Höhenzuwachs festzustellen.

Zur zeichnerischen Darstellung der Krone in einer Ebene müssen die Hauptäste gewissermaßen zur Seite geklappt werden. Da ältere Kiefern nur wenige tragende Hauptäste haben, läßt sich die Krone meist leicht in dieser Weise darstellen, ohne daß ihr Aufbau in der Zeichnung gewaltsam gestört wird. Hierzu wird das Hauptgerüst maßstabgerecht aufgezeichnet und die Länge der einzelnen Jahrestriebe zwischen den Meßpunkten ebenfalls graphisch dargestellt. Im Anhalt an die wirklichen Verhältnisse kann man das Hilfsgerüst mit freier Hand umreißen und so die Gestalt der Krone möglichst plastisch wiedergeben, s. Abb. 5.

Es ist dann zweckmäßig, in gewissen Abständen durch Linien die ungefähren Kronenumrisse früherer Jahre ebenso wie bei der oben beschriebenen Kronenanalyse anzudeuten.

b) Die Kronenentwicklung auf besseren Böden.

1. Die Kronenform.

In der ersten Jugend reichen die Äste bei der Kiefer bis zum Boden, erst wenn sich die Kultur schließt, sterben allmählich die untersten Äste ab. Die Kiefer schiebt dann den unteren Kronenansatz mit zunehmender Höhe immer mehr hinauf. Die Kiefer behält dabei aber auch noch im Stangenholzalter ihren regelmäßigen Aufbau bei. Die Analyse der Abb. 3 zeigt die Entwicklung einer z. Zt. der Untersuchung 48jährigen Krone, die aus einem Bestand etwa III. Bonität in Hundeluft stammt. Die zugehörige Höhenzuwachskurve des Stammes ist in Abb. 4 wiedergegeben. Die Analyse ist nach der Methode für jüngere Kiefern ausgeführt worden. Die feingestrichelten Linien deuten die Äste an, die ausgezogenen Linien verbinden die gleichen Jahrgänge der Äste in zweijährigem Abstand. Die ältesten Äste stammen aus dem Jahr 1908; wenn sie auch z. Zt. der Analyse nicht mehr lebten, so waren doch die ersten Astquirle erhalten, so daß mit ihrer Hilfe die Spitze der Krone im Jahre 1910 rekonstruiert werden kann. Es ist allerdings nicht mehr die ganze Krone, sondern nur das oberste Ende, aber nach allen Erfahrungen kann man annehmen, daß diese bis 1910 normalwüchsige Kiefer eine gut ausgebildete spitze Krone besaß. Die Analyse zeigt also die Entwicklung der Krone etwa vom 25. Lebensjahr ab. Nach der Höhenzuwachskurve trat nach dem Trockenjahr 1911 in 8 m Höhe eine deutliche Zuwachsstockung ein. Erst nach)

1922 erholte sich der Höhenzuwachs wieder kräftig. Auf der Kronenanalyse
kann man nun verfolgen, wie sich diese Zuwachsstockung von 10 Jahren auf
die Kronenform auswirkte. Die Zuwachsstockung tritt zunächst durch die
dichte Aufeinanderfolge der Kronenoberflächen=
linien hervor. Vor allem verändert sich
aber infolge des Trockenjahres
das Verhältnis zwischen dem Zu=
wachs der Hauptachse und dem der
Äste. Während der Höhenzuwachs der Haupt=
achse sehr schnell zurückgeht, läßt der Längen=
zuwachs der Äste langsamer nach, so daß die
Kronenoberfläche sich abrundet, schon 1913 ist
die Krone stumpf.

Aus der Zeit zwischen 1912 und 1917 waren
zur Zeit der Analyse keine lebenden Äste mehr er=
halten. Die Äste aus dieser Zeit sind so lebensschwach
gewesen, daß sie später durch die wuchskräftigen Äste
der späteren Jahrgänge überschattet und unterdrückt
wurden, als sich die Kiefer wieder erholte. Mit Hilfe
der Äste aus den Jahrgängen 1909 bis 1911 läßt sich
aber doch die Kronenoberfläche für diese Jahre ge=
ringen Höhenzuwachses bis zum Jahre 1921 rekon=
struieren. Denn während dieser Zeit bestimmten die
Äste der Jahrgänge 1909 bis 1911 so stark die Kronen=
form, daß durch die jetzt abgestorbenen Äste der Jahr=
gänge 1912 bis 1917 das Bild nicht wesentlich ver=
ändert werden kann.

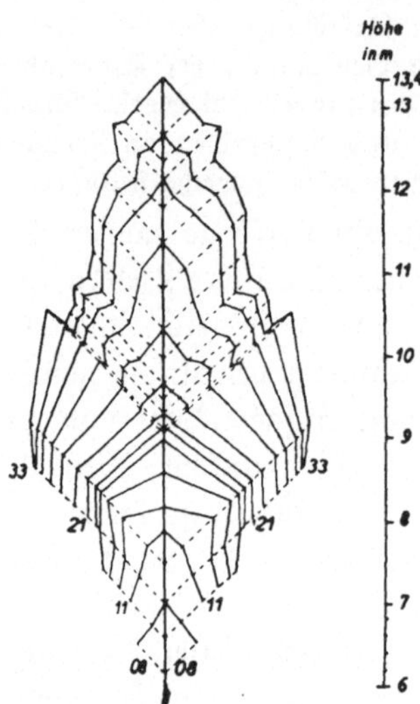

Abb. 3. Kronenanalyse einer
48jährigen Kiefer (Hundeluft,
Jagen 78, St. 8). Die bis
1911 spitzkronige Kiefer wölbte
während der nachfolgenden
Periode mit geringem Höhen=
zuwachs ihre Krone ab. 1921
wurde mit gleichzeitiger Er=
holung des Höhenzuwachses
die Krone wieder spitz. Die
ausgezogenen Linien geben
den Kronenumriß in 2jährig.
Abstand wieder. Für den
Gang des Höhenzuwachses
vergleiche Abb. 4.

Ab 1922 erholt sich der Höhenzuwachs
wieder kräftig, und infolgedessen werden die
alten Äste der Jahrgänge 1909 bis 1911 jetzt
überschattet. Ihr Längenzuwachs läßt immer
mehr nach, und die Krone wird immer spitzer.
Schon nach 4 Jahren ist die normale Kronen=
form wiedererreicht, und bis 1933 wird das
Verhältnis zwischen dem Höhenzuwachs der Achse und dem Längenzuwachs der
Äste immer günstiger. Hätte die Kiefer weiterwachsen können, so würden in
einiger Zeit die alten Äste der Jahrgänge vor der Wuchsstockung abgestorben
sein, und man würde von der Kronenwölbung dieser Zeit nichts mehr erkennen.

Diese Kronenabwölbung infolge einer Zuwachsstockung ist eine sehr weit
verbreitete Erscheinung, die im Laufe der Untersuchung noch eingehender be=
handelt wird. Hier soll die Entwicklung der Krone weiter verfolgt werden.

Während bei noch nicht abgeschlossenem Höhenzuwachs die Äste der
älteren Jahrgänge schnell in den Schatten der oberen Kronenteile des
eigenen und der benachbarten Stämme geraten und dadurch absterben, bleiben

später, wenn der Höhenzuwachs nachläßt, die unteren Äste erhalten. Denn der Höhenzuwachs ist jetzt fast abgeschlossen, und die Krone vergrößert ihre Assimilationsfläche vor allem durch immer weitergehende Verästelung und weniger durch einen schwachen, vor allem seitlichen Zuwachs. Über die geringe jährliche Kronenverbreiterung solcher, allerdings sehr alten Kiefern, hat zuerst Dengler (4) Analysen veröffentlicht.

Für den ganzen Aufbau der Kiefernkrone ist der Zeitpunkt, in dem der Höhenzuwachs stark nachläßt, sehr bedeutsam. Den äußeren Anlaß zu diesem Zuwachsrückgang bildet häufig eine Zuwachsschädigung durch Trockenjahre. Ein Beispiel hierfür bildet die Kronenanalyse des Stammes 6 aus Chorin, Abb. 5. Die hier untersuchten Kiefern stocken auf einem ähnlichen Standort wie die oben analysierte Kiefer aus Hundeluft. In den Trockenjahren 1892/93 ging der Zuwachs dieses Stammes in 14 m Höhe im 43. Lebensjahr stark zurück, und zwei Äste des Jahrgangs 1891 übernahmen die Führung, vergleiche auch Abb. 19.

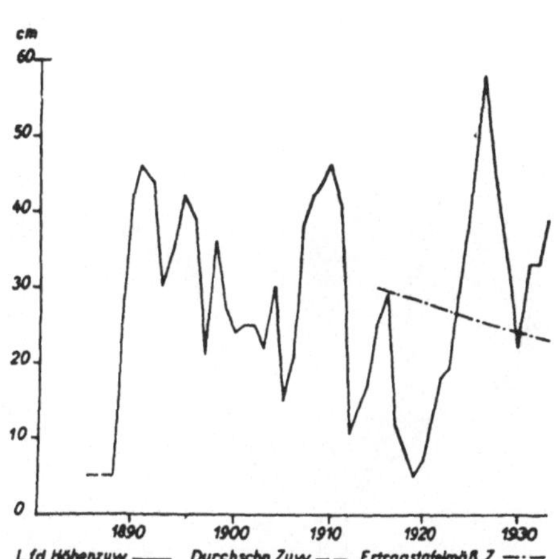

Abb. 4. Der Höhenzuwachs der Kiefer, deren Kronenanalyse in Abb. 3 dargestellt ist, stockte nach 1911, erholte sich aber wieder nach 1922. Die Wirkungen der Zuwachsstockung auf die Kronenform zeigt die Abb. 3 (Hundeluft, Jagen 78, St. 8).

Der alte Mitteltrieb blieb nur dadurch erhalten, daß ein Ast des Quirls 1894 sich zu einem Hauptast entwickelte. Die Krone ist um das Jahr 1900 immer noch infolge der Schädigung durch das Trockenjahr 1892 sehr abgewölbt gewesen, später wurde sie wieder etwas spitzer, als sich der Höhenzuwachs erholte. Da aber die unteren Äste immer ihren Anteil am oberen Kronendach erhielten, konnte die Krone nicht mehr die jugendliche spitze Form erreichen. Die Kiefer geht vom einachsigen (monokornischen) zum mehrachsigen (polykornischen) Aufbau über.

Charakteristisch für den weiteren Aufbau der Kiefernkrone wird es, daß der Mitteltrieb jetzt sehr häufig verloren geht. Ebenso wie die Hauptachse verlieren auch die Äste häufig den Mitteltrieb, und die Ersatztriebe biegen sich nicht in die Hauptrichtung des Astes, sondern wachsen in der ursprünglichen Richtung weiter, so daß die Äste ihre knickige Form erhalten. Dieses Absterben des Mitteltriebes wird später noch genauer verfolgt werden. Sehr oft geht der Mitteltrieb bei verschiedenen Ästen im selben Jahr verloren; so wächst bei

Stamm 6, Abb. 5, bei allen drei Hauptästen im Jahr 1896 ein Seitenast
weiter, und der Mitteltrieb stirbt ab. Dieselbe Erscheinung kann man um
das Jahr 1900 beobachten, dann wieder 1905. Es liegen hier vielleicht
äußerliche Beschädigungen vor, entscheidend ist aber, daß in
diesem höheren Alter die Wuchskraft bei der Kiefer
nicht mehr so stark ist, daß ein Ast, der einen ver=
lorenen Mitteltrieb er=
setzt, sich in die Senk=
rechte stellt, sondern der
Ast in seiner ursprüng=
lichen Richtung weiter=
wächst. Hier kann diese Tat=
sache nur festgestellt, aber nicht
weiter erklärt werden. Wahr=
scheinlich ist der Geotropismus in
dieser Zeit geschwächter Lebens=
tätigkeit nicht stark genug, außer=
dem nimmt die Menge der Wuchs=
stoffe wahrscheinlich ab. Hat doch
Zimmermann (35) nachge=
wiesen, daß ihre Stärke örtlich und
auch zeitlich im Baum wechselt.

Das Endstadium der Kro=
nenentwicklung auf guten Stand=
orten ist von Dengler (4) ein=
gehend geschildert worden. Eine
eingehende Kronenanalyse ist bei
den sehr kleinen Zuwachswerten
solcher alten Kronen fast unmög=
lich. Aber schon das äußere Bild
der abgerundeten Kronen läßt er=

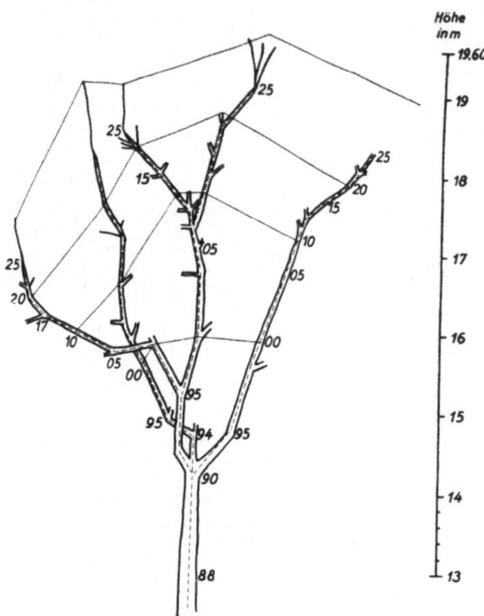

Abb. 5. Kronenanalyse einer 84jährigen Kiefer.
Die Kiefer wölbte infolge der Zuwachsstockung
nach den Dürrjahren 1892/93 ihre Krone ab.
Zwei Äste übernahmen die Führung und die
Krone löste sich auf (Chorin, Jagen 76, St. 6).
Für den Gang des Höhenzuwachses vergleiche
Abb. 19, S. 401.

kennen, daß schließlich der Höhenzuwachs vollkommen zurückgeht; die Kronen
wölben sich gänzlich ab und werden schließlich zuweilen tischähnlich flach.

2. Der Astzuwachs.

Die Kronenform der Kiefer wird außer durch die
Ausformung des Schaftes vor allem durch das Ver=
hältnis des Höhenzuwachses zum Längenzuwachs der
Äste bestimmt. Solange der Ast noch im vollen Lichtgenuß steht, hat er
einen fast ebenso hohen Zuwachs wie der Spitzentrieb. Je mehr der Ast aber
von der weiterwachsenden Krone beschattet wird, desto geringer wird sein
Zuwachs, bis er schließlich abstirbt. Dies ist die normale Entwicklung im

jüngeren Alter. Es entstehen dadurch schlanke wüchsige Kronenformen. Die Kiefernkrone wölbt sich dagegen ab, wenn der Höhenzuwachs des Schaftes gegenüber dem Längenzuwachs der Äste nachläßt, wenn also der Spitzentrieb im Wuchs zurückbleibt oder abstirbt. Da der Zuwachs der Äste im höheren Alter, wenn sich die Krone abwölbt, anders verläuft, soll das Verhältnis des Höhenzuwachses zum Astzuwachs näher untersucht werden.

Um die verschiedene absolute Höhe des Zuwachses in den einzelnen Jahren auszuschalten, drückt man das Verhältnis des Astzuwachses zum Höhenzuwachs des Schaftes am besten in Prozent aus. Abb. 6 zeigt dies Verhältnis für die Äste des Stammes Nr. 8 (Abb. 3) aus Hundeluft; jede der fein ausgezogenen Linien zeigt den jährlichen Längenzuwachs der Äste eines Quirls im Verhältnis zum gleichjährigen Höhenzuwachs des Schaftes in den Jahren nach der Quirlbildung. Mit starker Linie ist gutachtlich außerdem die Mittelkurve gezogen. Diese durchschnittliche Kurve nenne ich die mittlere Astkurve des Stammes; sie gibt an, in welchem Verhältnis die Äste des Stammes durchschnittlich im Verhältnis zum Höhenzuwachs des Schaftes wachsen.

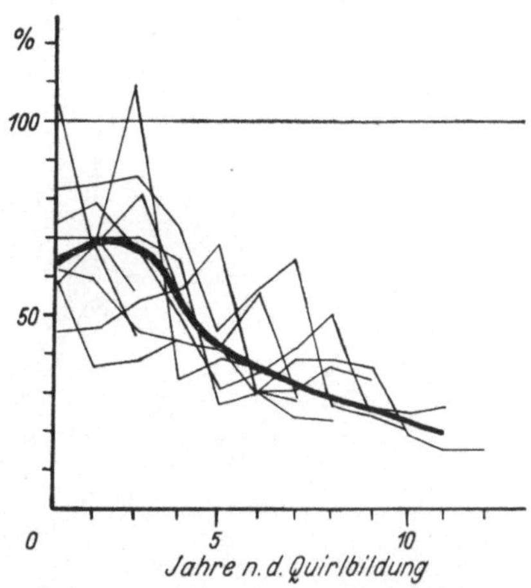

Abb. 6. Verhältnis des Astzuwachses zum gleichjährigen Höhenzuwachs in Prozenten für die Jahre nach der Quirlbildung bei einem jüngeren Stamm.

In den ersten Jahren beträgt der Längenzuwachs der Äste etwa 50 bis 70% des Höhenzuwachses. Bei der jüngeren Kiefer läßt der Astzuwachs dann ziemlich plötzlich nach, und nur wenige Äste halten sich in diesem Lebensalter der Kiefer länger als etwa 12 Jahre, der Astzuwachs beträgt dann nur etwa 20% des Höhenzuwachses der Spitze. In diesem jüngeren Alter fällt die Kurve in Wirklichkeit noch sehr viel steiler ab, als es die Durchschnittswerte der heute noch lebenden Äste angeben. Denn je mehr die Äste eines Quirls durch die darüber wachsende Krone beschattet werden, desto mehr Äste eines Quirls sterben ab, bis schließlich nur die wüchsigsten und kräftigsten Äste übrig bleiben. Im wirklichen Durchschnitt sind also die Triebe der letzten Jahre aller Äste eines Quirls noch sehr viel kürzer. Dabei werden die Äste um so schneller absterben, je wüchsiger und kräftiger die Kiefer wächst.

Bei normalen Ästen dieses jüngeren Lebensalters kommt es nur selten vor, daß ihr Längenzuwachs größer ist als der gleichjährige Höhenzuwachs des Schaftes. Leicht geschieht dies natürlich aber dadurch, daß der Haupttrieb äußerlich nachträglich geschädigt wird. So wurden die Spitzen der Astkurven, die beim Stamm 5, Abb. 13, über die 100 %-Linie reichen, alle im Jahr 1928 gebildet, in dem der Höhentrieb dieses Stammes beschädigt wurde.

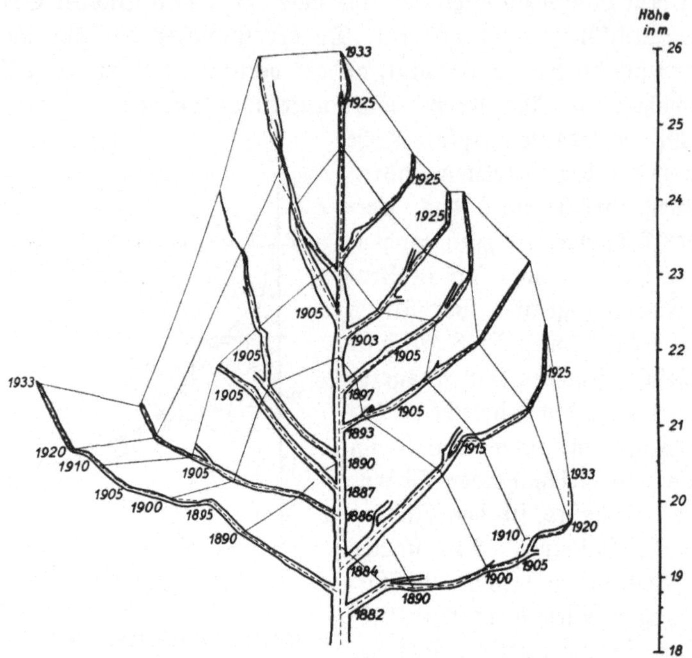

Abb. 7. Kronenanalyse einer 111jährigen Kiefer. Die Kiefer stammt aus einem Bestand II. Bonität auf gutem, frischem Boden. Der Schaft ist bis ins Alter fast ohne Krümmungen erhalten, und die Krone noch verhältnismäßig sehr spitz. (Stadt- forst Eberswalde.)

Während bei der jüngeren Kiefer der Zuwachs des Astes in normalen Jahren im Verhältnis zum Zuwachs der Hauptachse rasch sinkt und die Aste dann absterben, erhalten sich die Aste bei den älteren Kiefern sehr lange lebensfähig. Bei den daraufhin untersuchten bis 110jährigen Kiefern stammten die ältesten lebenden Aste aus den Jahren 1874, 1878 und 1882, die Aste waren also 50—60 Jahre alt. Bei noch älteren Kiefern werden die untersten Aste natürlich noch viel älter.

Dengler (4) weist darauf hin, daß man bei der älteren Kiefer zwischen dem Raumgewinn des Astes und dem tatsächlichen Längen- zuwachs unterscheiden muß. Da die Aste im höheren Alter sehr knickig wachsen, ist der Raumgewinn sehr viel niedriger als der Längenzuwachs. Wie die Kronenanalyse z. B. der Abb. 7 gut erkennen läßt, kann der Raumgewinn der Aste auch in den unteren Kronenteilen sehr lange Zeit im Vergleich zum Höhenwachstum der Hauptachse hoch bleiben; dies zeigt ja

auch schon das äußere Bild der Krone. Deshalb laufen die Kronenober=
flächenlinien in der Abb. 7 bis auf die untersten Kronenteile mit fast gleichem
Abstand voneinander. Der periodische durchschnittliche Raumgewinn der Äste
schwankt in den Jahrzehnten von 1890 bis 1933 zwischen 9 und 11 cm.
Dieses Ergebnis entspricht in der Größenordnung den Angaben Denglers
für die von ihm untersuchten Überhälter.

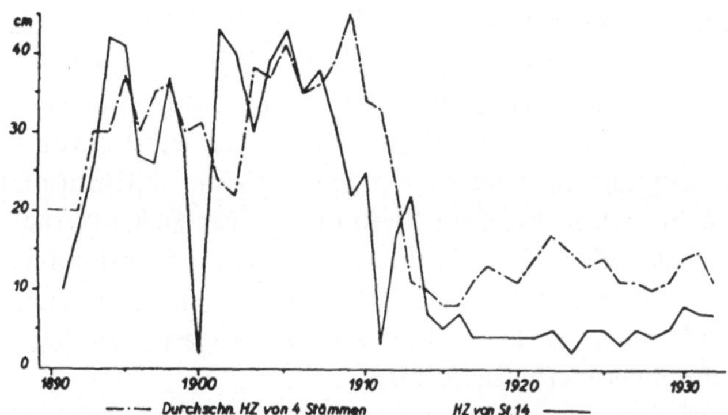

Abb. 8. Verlauf des Höhenzuwachses von Kiefern auf armen
streugenutzten Sanden. Der Höhenzuwachs der fünf Stämme
sinkt plötzlich nach gutem Jugendzuwachs nach dem Trocken=
jahr 1911.

Der durchschnittliche periodische Raumgewinn beträgt bei dieser alten
Kiefer in Prozent des Höhenzuwachses der Hauptachse:

1891—1900	1900—1910	1911—1920	1921—1933
84	64	58	78%

Der Raumgewinn der Äste schwankt also bei diesem
Stamm zwischen 60 und 80% des Spitzenzuwachses.
Bei den Hauptästen, die der Mittelachse am nächsten
stehen, reicht der Zuwachs an 100% heran. Bei noch
älteren Kiefern sind die Werte noch höher.

Hierdurch wölbt sich die Kiefernkrone immer mehr
ab. Da die Kiefern in diesem Alter sehr weiträumig und vom Licht um=
flossen stehen, haben auch die unteren Kronenteile fast vollen Lichtgenuß.
Nur die untersten Zweige sind meist so stark beschattet, daß sie sich nur noch
kümmerlich erhalten können, andererseits können auch sie noch einen guten
Zuwachs haben, wenn sie den Raum und die Lebensenergie haben, um sich
balkonartig vorzustrecken, s. z. B. Abb. 7. Diese vorgewölbten unteren Äste
sind für die ältere Kiefernkrone sehr charakteristisch.

Je besser der Standort ist, desto später wölben
sich die Kiefern ab, und desto häufiger finden wir
auch im hohen Alter noch Kiefern mit spitzer Krone

und durchlaufendem Schaft. Hierfür ist der Stamm der Abb. 7
ein Beispiel. Auf die Bedeutung dieser Erscheinung für die Frage der
Kronenabwölbung wird später eingegangen.

c) Die Kronenentwicklung auf schlechten Böden.

1. In gewöhnlichen Beständen.

Die Abwölbung der Krone ist zuerst von Wecke (29) im Eberswalder
Stadtforst auf armen streugenutzten Sanden auf Veranlassung von Pro=
fessor Wiedemann untersucht worden. Die analysierten 5 Stämme
hatten bis 1911 einen guten Höhenzuwachs von durchschnittlich etwa 35 cm
Länge. Nach 1911 sinkt der Höhenzuwachs im 29. Lebensjahr und in etwa
7,5 m Höhe plötzlich auf etwa 4—15 cm. Kleine Unstimmigkeiten erklärt
Wecke durch die etwas unsichere Bestimmung der Höhentriebe. Der Ver=
lauf des Höhenzuwachses ist in Abb. 8 dargestellt. Wenn auch in der Zeit
von 1917 bis zum Untersuchungsjahr 1932 gelegentlich größere Zuwachs=
leistungen vorkommen, so haben sich doch die Kiefern von der Schädigung
von 1911 nicht wieder erholen können.

Bei sämtlichen 5 Kiefern hatte sich infolge der Zuwachs=
stockung die Krone in Äste aufgelöst, der ursprüng=
liche Mitteltrieb war abgestorben. Dieses Absterben des
Mitteltriebes im Zusammenhang mit Trockenjahren ist zuerst von Wittich
(33) auf armen streugenutzten Böden beobachtet worden. Um den Vorgang
genauer kennenzulernen, wurden die 5 Stämme dort, wo sie sich in Äste auf=
lösten, aufgeschnitten und die Jahrringe des abgestorbenen Mitteltriebs, des
Haupttriebs unter dem abgestorbenen Mitteltrieb und die Jahrringe der
Hauptäste gezählt. Es konnte so festgestellt werden, wann der alte Mitteltrieb
abstarb und aus welchem Jahrgang die Äste stammten, die jetzt die Krone
bilden.

Die Kronenauflösung von fünf Stämmen.
Stadtforst Eberswalde, Jagen 36.

Stamm	Jahrgang des abgestorbenen Mitteltriebs	Mitteltrieb abgestorben etwa
11	1910	1911
12	1910	1911
13	1909	1911
14	1907	1924
15	1908	1910

Bei allen Stämmen ist der Mitteltrieb bis zu einem
Jahrgang abgestorben, der kurz vor 1911 gebildet
ist, nachdem nach 1911 der Zuwachs plötzlich stark zurückgegangen war.

Die Auflösung der Krone hängt also offenbar mit dem Zuwachsrückgang um das Jahr 1911 zusammen. Als Beispiel für die Kronenauflösung dieser Stämme sei Stamm Nr. 14 der Wecke schen Untersuchungen näher besprochen. Abb. 9 zeigt einen Schnitt durch den Quirl des Jahres 1907 mit dem toten Mitteltrieb, Abb. 10 zeigt den obersten Teil des Schaftes und die

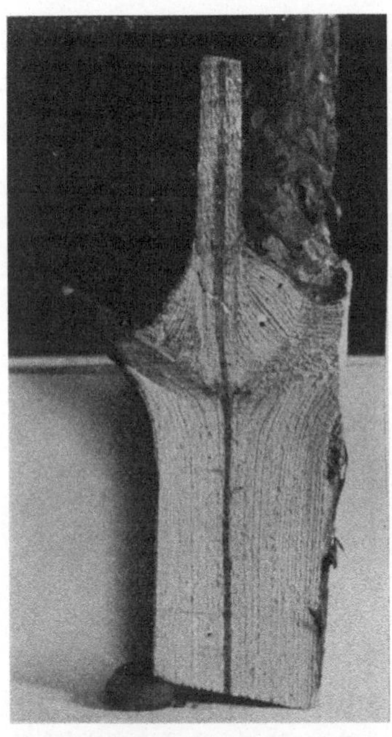

Abb. 9. Schnitt durch den Quirl eines infolge des Trockenjahres 1911 abgestorbenen Mitteltriebs einer Kiefer (Jahrgang 1907 von Stamm Nr. 14 der Abb. 8. Stadtforst Eberswalde, Jagen 36). Aufn. Wecke.

Abb. 10. Kiefer mit aufgelöster und abgewölbter Krone. Krone des Stammes 14 mit dem abgestorbenen Mitteltrieb aus dem Jahre 1907. Die Kronenauflösung wurde durch das Trockenjahr 1911 verursacht. Stadtforst Eberswalde, Jg. 36. Aufn. Wecke.

abgewölbte Krone. Die drei noch lebenden Äste des Jahrgangs 1907 bilden die heutigen Hauptäste, und zwischen den Hauptästen ist noch 1932, 8 Jahre nach dem Absterben, der Stumpf des alten Mitteltriebs zu erkennen. An den kräftigen Höhentrieben des Schaftes ist der frühere gute Höhenzuwachs leicht zu verfolgen; an dem geraden, zügigen Ansatz des Stumpfes ist noch jetzt zu sehen, daß auch der Höhenzuwachs des Jahres 1908 befriedigend gewesen sein muß.

Die seitliche Neigung der Hauptäste läßt sich bei dieser Kiefer leicht erklären; denn der alte Haupttrieb erhielt sich bis 1924 lebend und starb dann wohl infolge des in diesem Jahr in Eberswalde auftretenden Eulenfraßes ab.

27*

Während dieser 17 Jahre mußten die jetzigen Hauptäste um die Krone des Mitteltriebes herumwachsen. Aber auch bei Kiefern, deren Haupttrieb sehr schnell nach der Schädigung abstarb, so daß die Äste sehr bald in die senkrechte Richtung des Schaftes hätten hineinwachsen können, heilten die Äste den Schaden nicht aus. Der Geotropismus war in dieser Stockungsperiode nicht

Abb. 11. Krüppelkiefernbestand aus der Stadtforst Bernau
bei Berlin.

stark genug, so daß die Äste die ursprüngliche schiefe Stellung beibehielten. Im Gegensatz dazu wird in normalen Jahren der Verlust eines Haupttriebes in diesem Lebensalter leicht ausgeheilt.

Die 5 Kiefern haben sich nach der Wuchsstockung von 1911 also nicht wieder erholen können, sie haben seitdem den eigentlichen Höhenzuwachs eingestellt. Der weitere Längenzuwachs der Zweige dient nicht mehr dazu, die Krone wesentlich hinaufzuheben, sondern bezweckt hauptsächlich eine Vergrößerung der Krone und damit der Assimilationsfläche.

Dieses Stadium der Kronenentwicklung, das wir bei der Kiefer auf besserem Standort erst in viel höherem Alter und entsprechender Höhe beob= achten (s. Abschnitt III b), tritt auf diesen schlechten Böden also schon im Alter von etwa 29 Jahren und in 7,5 m Höhe ein.

2. In Krüppelbeständen.

Ganz extrem liegen die Verhältnisse in den „Krüppelbeständen", die auf trockensten, meist früher oder auch noch heute streugenutzten Sandböden weit verbreitet sind, s. Abb. 11. Solche Krüppelbestände wurden von mir in dem anhaltischen Revier Hundeluft in der Nähe von Bärenthoren untersucht.

Die Bestände entsprechen den bekannten „Sibirienbeständen" in der Lausitz oder den durch Rebel (19) und später durch Ernst (7) beschriebenen Krüppelbeständen.

Den durchschnittlichen laufenden jährlichen Höhenzuwachs dreier Stämme aus einem solchen Bestande gibt die Abb. 12 wieder. Der Bestand war 1933 49 (48—58) Jahre alt und die drei analysierten Stämme im Durchschnitt 4,6 m hoch, 1925 waren sie mit 42 Jahren erst 3 m hoch gewesen. Kümmerlich quälten sich die Kiefern von Jahr zu Jahr hin, der jährliche Höhenzuwachs schwankt während der ganzen 40 Jahre um etwa 8 cm. Die Kronen solcher Kiefern sind struppig und wirr. In der Jugend war noch ein gerader Schaft gebildet worden, wie man dies meist auch in den Krüppelbeständen beobachten kann, dann aber wird eine struppige, wirre Krone gebildet.

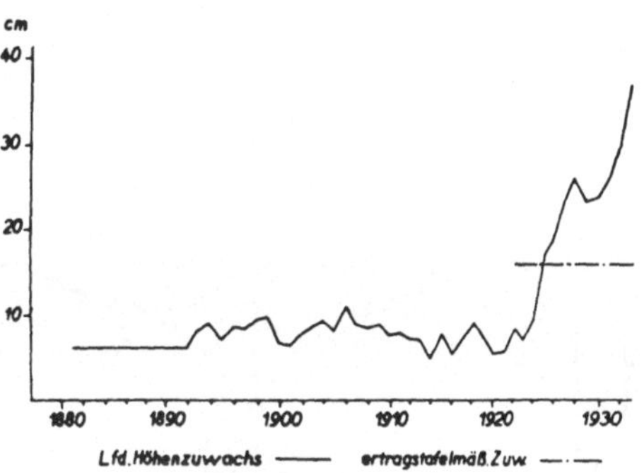

Abb. 12. Der Höhenzuwachs dieser Krüppelkiefern stockte von Jugend an bis zum 40. Lebensjahr. Die Krone wurde in etwa 2 m Höhe gebildet. Der Zuwachs steigt nach 1925 steil an (Hundeluft, Jg. 78).

Je schlechter der Standort ist, desto tiefer beginnt die Kronenauflösung. Über den Höhenzuwachs solcher Kiefern und ihre Kronenentwicklung läßt sich nicht viel sagen, denn größere Schwankungen sind nicht feststellbar. Bei den untersuchten Kiefern trat allerdings um 1925 eine Zuwachssteigerung ein. Dieser Sonderfall soll im Zusammenhang mit anderen Untersuchungen im nächsten Abschnitt besprochen werden.

d) Die Kronenumformung nach Zuwachserholung.

Es ist schon oben öfters erwähnt worden, daß in Hundeluft eine deutliche Erholung des Höhenzuwachses nach langer Stockung zu beobachten war. Es ist dabei zwischen den ganz schlechten Krüppelbeständen und etwas besseren Beständen zu unterscheiden. Bei den allerschlechtesten Beständen hatten die Kiefern von Anfang an einen sehr geringen Höhenzuwachs, und schossen dann nach vielen Jahrzehnten plötzlich in die Höhe. Diesen Typ des Zuwachsgangs zeigt die Abb. 12. Dagegen hatten die etwas besseren Bestände in der Jugend einen verhältnismäßig guten Höhenzuwachs. Der Zuwachs stockte dann wie bei den in Eberswalde von Wecke analysierten Kiefern, s. Abb. 8. Während sich aber die Kiefern dort nicht wieder erholten, trat in Hundeluft nochmals eine Zuwachssteigerung ein.

Es hängt dies für die Zeit nach 1925 wahrscheinlich mit der Einstellung der Streunutzung in Hundeluft zusammen. Offenbar

waren die Kiefern in der Zeit um 1925 dank der jahrzehnte=
langen Streuschonung in einem Stadium der Zu=
wachsbereitschaft. Diese Verbesserung des Standorts wurde durch
die vorübergehende Erhöhung der Niederschläge in dieser Zeit
noch verstärkt, so daß durch diese erhöhten Niederschläge ein großer Höhen=
zuwachs ausgelöst wurde. Der Zuwachs verläuft deshalb bei den Krüppel=

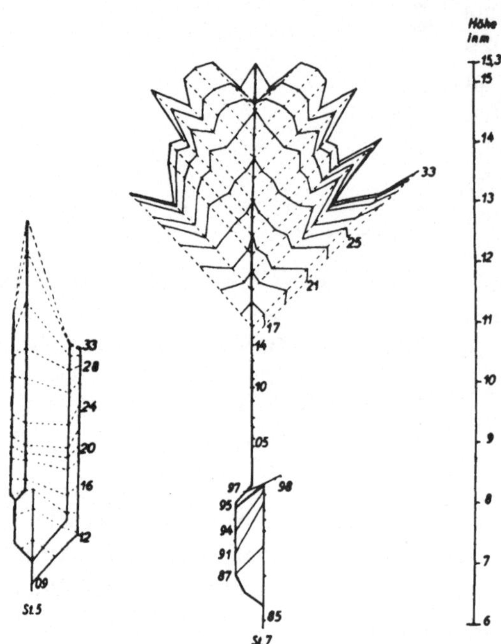

Abb. 13. Die Kronenanalysen der beiden Kiefern
zeigen die Kronenabwölbung nach einer Zu=
wachsstockung. Bei dem jüngeren 46j. Stamm
Nr. 5 trat die Zuwachsstockung nach dem Trocken=
jahr 1911 ein, bei dem älteren 65j. Stamm
Nr. 7 nach den Trockenjahren 1888 und 1893.
Durch die spätere Erholung entstanden charakte=
ristische Bajonettformen. (Hundeluft, Jg. 78,
St. 5, Jg. 83, St. 7.) Für den Gang des
Höhenwachstums vergleiche Abb. 17.

kiefern vollkommen entgegen=
gesetzt dem normalen Zuwachs=
gang, der ja in der Jugend
kurz ansteigt, um dann mit
dem Alter immer mehr zu
fallen; dagegen haben die in
Abb. 12 analysierten Kiefern
in den letzten 8 Jahren etwa
allein halb soviel geleistet, wie
sie in den vorhergehenden 44
Jahren von 1881 bis 1925 an
Höhenzuwachs geleistet hatten.
Auch in den besseren Bestän=
den in Hundeluft sind die Zu=
wachssteigerungen nach langer
Stockung ganz ungewöhnlich
hoch.

Diese ungewöhnlichen Er=
scheinungen boten nun die
Gelegenheit, in den Vorgang
der Kronenauflösung und die
ganzen Erscheinungen bei der
Kronenentwicklung näher ein=
zudringen.

Die Kronenentwicklung
solcher Stämme zeigen die bei=
den Analysen der Abb. 13, den
Höhenzuwachsgang des rechten
Stammes Nr. 7 zeigt Abb. 17.

Ebenso wie bei dem oben besprochenen Stamm Nr. 8 (Abb. 3) und den
von Wecke untersuchten Eberswalder Kiefern stockte der Höhenzuwachs bei
dem jüngeren Stamm nach dem Trockenjahr 1911. Die Kiefer hatte in den
drei Jahren 1931 bis 1933 ebensoviel Höhenzuwachs wie in den 11 Jahren
1912 bis 1922. Während aber bei dem Stamm der Abb. 3 der Haupttrieb
die Führung behielt, übernahmen bei Stamm Nr. 5 Äste der Jahrgänge
1909 und 1910 die Führung. Der alte Haupttrieb hatte noch einige Zeit

zusammen mit den ursprünglichen Ästen gelebt, war aber dann abgestorben. Der Höhenzuwachs dieses ursprünglichen Höhentriebes konnte noch bis zum Jahr 1914 einwandfrei vermessen werden. Während bei den von Wecke untersuchten Eberswalder Kiefern der Höhenzuwachs bis zur Untersuchung stockte, erholte er sich hier, und aus dem Verlauf der Kronenoberflächenlinien läßt sich die Entwicklung dieser Hauptäste während und nach der Wuchs= stockung leicht ablesen. Bis zum Jahre 1914 konnte sich der ursprüngliche Mitteltrieb noch neben den ihn bedrängenden Ästen behaupten, dann über= nahmen diese die Führung. Schließlich wuchs der spätere Spitzentrieb im Bogen um die alte, jetzt abgestorbene Krone herum, endgültig bildete er aber erst 1928/29 die Spitze.

Ein Beispiel für ein späteres Stadium der Entwicklung ist der untere Teil des rechten Stammes der Abb. 13. Die erste schwere Zuwachsstockung trat bei dieser Kiefer 1888 infolge des bekannten und in der Gegend von Hundeluft stark ausgeprägten Trockenjahres ein (s. Höhenzuwachskurve Abb. 17). Die bajonettförmige Stammkrümmung aus dieser Zeit in 7 m Höhe läßt sich auch hier leicht erklären, weil der alte Mitteltrieb als kümmer= lich lebender Ast zur Zeit der Untersuchung noch erhalten war. Der Höhen= zuwachs dieses ehemaligen Haupttriebes ist in Abb. 17 bis zum Jahr 1898 ebenfalls graphisch dargestellt. Die bis zum Jahr 1888 sehr frohwüchsige Kiefer wird eine spitze normale Krone gehabt haben; darauf deutet auch das Verhältnis des jetzigen Haupttriebes und ehemaligen Astes zum ur= sprünglichen Mitteltrieb hin. Die Verbindungslinien der entsprechenden Jahrgänge verlaufen sehr schräg. Nach dem Trockenjahr 1888 beginnt aber der Höhenzuwachs des ursprünglichen Mitteltriebs stark zu stocken, und der Ast erreicht etwa 1898 die Höhe des Haupttriebes. Die Krone muß also in dieser Zeit ungefähr abgerundet gewesen sein. Nachdem der Ast den ursprünglichen Mitteltrieb so überholt hatte, wuchs er wieder in die Senk= rechte hinein, als Überrest der Stockung blieb nur noch die bajonettförmige Stammkrümmung. Nach der Stockungsperiode von 20 Jahren konnte sich der Zuwachs wieder erholen, wahrscheinlich machte sich auch hier die Standorts= besserung nach der Einstellung der Streunutzung bemerkbar, und es bildete sich eine neue Krone, in deren Schatten die alte abgewölbte Krone der Stockungszeit abstarb. Die ältesten noch lebenden Äste der Krone stammen vom Jahrgang 1915 und 1916. Nach den Kronenoberflächenlinien war die Krone in dieser Zeit bis zum Jahr 1921 ziemlich abgerundet. Der Höhen= zuwachs, der weiter unten auf Seite 396 besprochen wird, und der in Abb. 17 wiedergegeben ist, erholte sich bei diesem Stamm schon 1919. Mit Hilfe der Kronenanalyse läßt sich deutlich verfolgen, wie sich mit dem vermehrten Höhenzuwachs der Spitzentrieb aus der Krone heraushebt und allmählich die Krone wieder spitz wird. Seit 1927 läßt der Höhenzuwachs wieder nach, damit wölbt sich die Krone auch wieder mehr ab. Es ist anzunehmen, daß

der Stamm sich seiner endgültigen Höhe nähert und zur Bildung der Alters=
krone übergeht.

Es war in Hundeluft zwischen dem Zuwachsgang in Krüppelbeständen
und in besseren Beständen unterschieden worden. Abb. 14 stellt ein Profil
durch einen gleichaltrigen Krüppelbestand in Hundeluft dar, in dem auf
einigen flachen Kuppen die Kiefern besser wuchsen. Während in den schlechten
Teilen die Stammauflösung schon in 3 m Höhe beginnt, fängt diese auf den
Kuppen erst in 6,5 m Höhe an. Das Bestandesbild wird dadurch natürlich
ganz anders und auch die Bonität entsprechend besser.

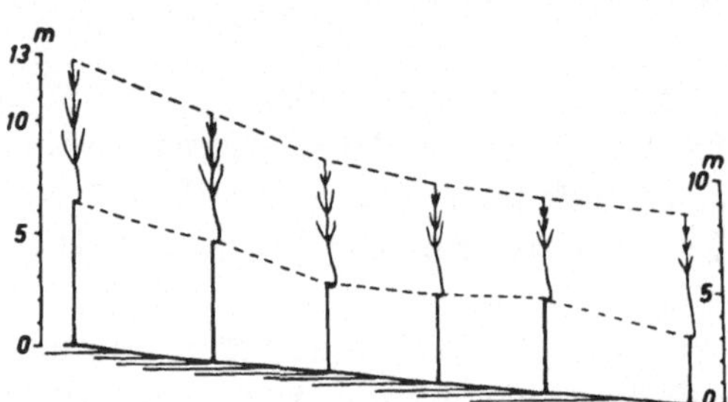

Abb. 14. Bestandesprofil eines 65j. Kiefern=
krüppelbestandes (Hundeluft, Jg. 124). Die Auf=
lösung der Stämme in Äste ist durch die Bajo=
nettform des Stammes angedeutet. Die Kronen=
auflösung trat infolge einer Wuchsstockung nach
den Trockenjahren 1888 und 1892 ein.

Durch Stammanalysen wurde
nun festgestellt, daß die Auflö=
sung der Stämme in Äste, die
im Profil schematisch durch die
Bajonettform des Stammes
dargestellt ist, bei allen Stäm=
men durch eine Wuchsstockung
nach den Trockenjahren 1888
und 1893 im etwa 20. Lebens=
jahr verursacht wurde, die die
Stämme in verschiedener Höhe
traf. Durch diese Unter=
suchung zeigt sich also,
daß die Verhältnisse
in den Krüppelbestän=
den und in den besseren Beständen in Hundeluft
grundsätzlich die gleichen sind.

Die Äste wachsen in dieser Zeit der Kronenumformung natürlich ganz
anders als die normalen Äste, deren Zuwachsgang auf Seite 382 geschildert
wurde. In Abb. 15 sind von dem Stamm Nr. 5 der Abb. 13 im linken
Teil die Astkurven der Nebenäste dargestellt und im rechten Teil die Ast=
kurven von drei Hauptästen. Während die Astkurven der Nebenäste den
Astkurven des Stammes Nr. 8 Abb. 6 sehr ähneln, verlaufen die Astkurven
der Hauptäste während der Kronenumformung ganz anders.

Man kann aus dem Verlauf des Astzuwachses sehr leicht den Kampf der
jetzt unterdrückten Äste mit dem heutigen Spitzentrieb ablesen. Bis fast
zuletzt wuchsen sie ebenso stark wie dieser, und während langer Zeit war ihr
Zuwachs höher als der Zuwachs des Spitzentriebs. Das Endstadium einer
solchen Astentwicklung zeigt die Kronenanalyse der Abb. 16. Die Wuchs=
stockung trat bei diesem Stamm nach den Trockenjahren 1872/76 in 12 m
Höhe ein, s. Abb. 18 (Verlauf des Höhenzuwachses). Nach der Zuwachs=
stockung übernahmen zwei Äste die Führung, die sich ihrerseits später noch
weiter verzweigten. Zur Darstellung der Astkurven sind nur Äste bis zum

Jahrgang 1919 berücksichtigt, also verhältnismäßig sehr junge Äste; es wurde nicht der Raumgewinn, sondern die tatsächliche Trieblänge gemessen. Die mittlere Astkurve des Stammes schwankt zwischen 60 und 80%. Auffallend ist, daß nur in einzelnen Jahren der Astzuwachs größer als der Spitzenzuwachs ist, allerdings war der Spitzenzuwachs bei dieser Kiefer in den letzten Jahren noch sehr hoch, hatte der Höhentrieb 1933 doch eine Länge von 33 cm. Bei diesem Stamm war also bei den vollbelichteten Hauptzweigen noch nicht die von Dengler geschilderte „immer engmaschiger werdende Weiterästelung" eingetreten, bei der die Trieblängen auf 3 bis 4 cm sinken. Trotzdem verläuft der Astzuwachs ganz anders als in der Jugend. In dem von Dengler geschilderten spätesten Stadium wird der Zuwachs der Äste noch mehr die Zuwachswerte der Hauptachse erreichen als in dieser noch wüchsigen Zeit. Es ist bezeichnend, daß trotz des hohen Spitzenzuwachses das Verhältnis des Astzuwachses zum Spitzenzuwachs nicht mehr wie in der Jugend

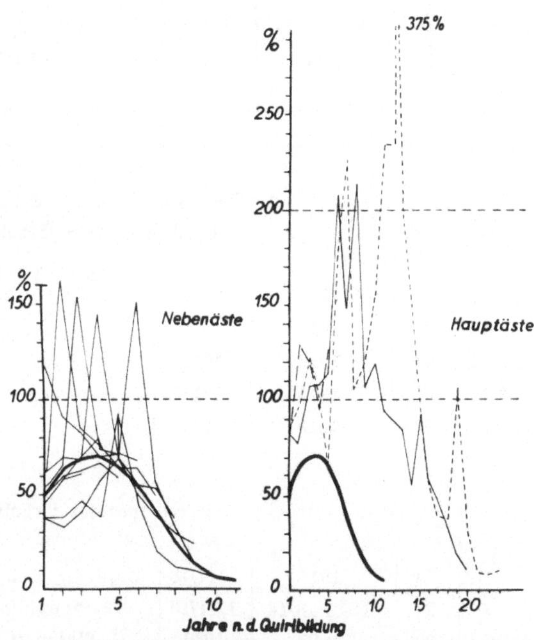

Abb. 15. Die Kurven geben im linken Teil den Astzuwachs der Nebenäste, im rechten Teil den Astzuwachs der Hauptäste des Stammes Nr. 5 der Abb. 13 in Prozenten des Zuwachses der Hauptachse wieder. Die mit starker Linie gezeichnete mittlere Astkurve der Nebenäste ist im rechten Teil der Abb. zum Vergleich eingetragen.

scharf absinkt, sondern die Tendenz hat, auf etwa gleicher Höhe zu verbleiben.

e) Grundsätzliches über die Kronenentwicklung im ariden Gebiet.

Nach den bisherigen Untersuchungen haben die bekannte Kronenauflösung und -abwölbung der nordostdeutschen Kiefer auf besseren Standorten und die Formen der Krüppelbestände auf ärmsten Standorten grundsätzlich verwandte Ursachen.

Die Krüppelbestände sind gewissermaßen Kiefernkronen, die ohne Stämme auf der Erde stehen. Die

Tab. 1.

Übersicht über die Kronenanalysen.

| | erste Wuchsstockung | | | endgültige Kronenauflösung | | | | | |
Stamm Nr.	Höhe m	Lebensjahr	Kalender- jahr	Dürre- jahr	äußerlich erkennbar	Kalender- jahr	Lebensjahr	Höhe m	Bemer- kungen
1	2	3	4	5	6	7	8	9	10

A. Auf geringen Standorten.

1. ohne spätere Erholung [1]

| | erste Wuchsstockung | | | endgültige Kronenauflösung | | | | | |
Stamm Nr.	Höhe m	Lebensjahr	Kalenderjahr	Dürrejahr	äußerlich erkennbar	Kalenderjahr	Lebensjahr	Höhe m	Bemerkungen
11	ca. 7,5	29	1913	1911	Verlust des Mitteltriebs	1910		ca. 7,5	
12	ca. 7,5	29	1912	1911	„	1910		ca. 7,5	
13	ca. 7,5	29	1913	1911	„	1909		ca. 7,5	
14	ca. 7,5	29	1911	1911	„	1907		ca. 7,5	s. Abb. 9 u. 10
15	ca. 7,5	29	1913	1911	„	1908		ca. 7,5	

2. mit späterer Erholung. [2]

| | erste Wuchsstockung | | | endgültige Kronenauflösung | | | | | |
Stamm Nr.	Höhe m	Lebensjahr	Kalenderjahr	Dürrejahr	äußerlich erkennbar	Kalenderjahr	Lebensjahr	Höhe m	Bemerkungen
5	7	28	1914	1911/13	Bajonett u. 2 Äste	noch nicht			s. Abb. 13
6	7	28	1912/13/14	1911/13	2 Hauptäste	noch nicht			
7	7	20	1888	1888	Bajonett	noch nicht			s. Abb. 13
8	8	27	1912	1911	—	noch nicht			
10	8	20	1885	1883/88	Bajonett	noch nicht			
11	8	24	1905	1904	—	noch nicht			
12	12	34	1875	1872/76	2 Hauptäste	1875	34	12	s. Abb. 16

B. Auf besseren Standorten [3]

| | erste Wuchsstockung | | | endgültige Kronenauflösung | | | | | |
Stamm Nr.	Höhe m	Lebensjahr	Kalenderjahr	Dürrejahr	äußerlich erkennbar	Kalenderjahr	Lebensjahr	Höhe m	Bemerkungen
1	13	39	1892	1892/93	starker Ast	1890	37	13	
2	7	25	1878?	1876/78	—	1890	37	12	
4	13	35	1888	1888/92	Bajonett u. Aststumpf	1898	39	14	
5	16	54	1907		—	1892	39	13	
6	12	33	1884		Baj. u. starker Ast	1890	39	14	s. Abb. 5
7	?	52	1875	1874/76	starker Ast	1882	59	18,5	s. Abb. 7
8	14	33	1856	1856/57?	Zwille	1879	56	19	s. Abb. 3

[1] Stadtforst Eberswalde. — [2] Hundeluft. — [3] Nr. 1—6 Chorin, Nr. 7, 8 Eberswalde.

Kronenabwölbung hängt eng mit einem Rückgang des Höhenzuwachses zusammen. Während wir diesen allmählichen Rückgang des
Höhenzuwachses im höheren Alter gewohnt sind, geht auf armen trockenen
Böden der Höhenzuwachs schon oft sehr frühzeitig und meist ganz plötzlich
zurück. Sehr oft hängt dieser Zuwachs-
rückgang mit Trockenjahren zusammen. Eine Zuwachserholung tritt
gewöhnlich nicht ein, nur in besonderen
Fällen wird auf die alte abgewölbte
Krone eine neue spitze Krone gesetzt und
dadurch die Störung überwunden. Bei
der Zuwachsstockung geht der
Mitteltrieb oft verloren und
wird meist auch nicht durch einen Seiten-
trieb ersetzt. Trotzdem in dieser Zeit der
Kronenabwölbung der Zuwachs der Äste
im Verhältnis zum Zuwachs des Haupttriebes hoch ist, ist offenbar der Geotropismus nicht mehr stark genug, um einen
Ersatztrieb in die Richtung der Hauptachse hineinzubiegen. Häufig geht auch
der Mitteltrieb nicht plötzlich verloren,
sondern der ganze Kronenteil des
Mitteltriebes kümmert mehr als die
unteren Äste und geht dann schließlich
ein. Die Zuwachsstockungen
sind daher häufig äußerlich
noch an der Stammform und
der Art der Kronenauf-
lösung zu erkennen, wie dies
besonders deutlich in Hundeluft hervor-
tritt.

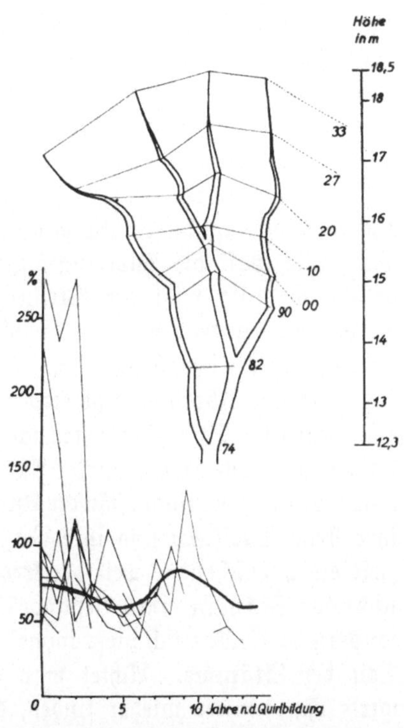

Abb. 16. Die Krone verlor nach den
Trockenjahren 1872/76 den Mitteltrieb im Alter von 31 Jahren. Im
unteren Teil ist das Verhältnis
des Astzuwachses zum gleichjährigen
Höhenzuwachs der Hauptachse bei
jüngeren Nebenästen dargestellt
(Hundeluft, Jg. 93, St. 12).

In der Übersicht über die Kronenanalysen in Tab. 1 sind die Stämme
nach der Güte des Standorts in zwei Gruppen gegliedert, die Stämme auf
geringen Standorten sind wieder unterteilt, je nachdem, ob eine Erholung
nach der ersten Wuchsstockung eintrat oder nicht. Erholten sich die Kiefern
nach der Wuchsstockung nicht wieder, so war der Zuwachsrückgang der Anlaß
zur endgültigen Kronenauflösung. Die Angaben hierüber finden sich in
Spalte 7, in der das Kalenderjahr angegeben ist, in dem die heutigen Hauptäste gebildet wurden.

Trat später eine Erholung ein, so entstehen häufig nach der Kronen=
umbildung charakteristische Bajonettformen. Die äußeren Kennzeichen sind
in Spalte 6 angegeben.

Diese Zuwachsstockungen brauchen natürlich nicht nur Bajonettbildungen
zu bewirken, sondern es kommen selbstverständlich die verschiedensten Formen
vor. Es können z. B. nicht nur ein Ast, sondern mehrere Äste die Führung
übernehmen wie bei dem oben besprochenen Stamm Nr. 5 in Hundeluft
(Abb. 13). Dies kann dann der Anlaß zu einer sehr frühen endgültigen
Kronenauflösung sein. Oder der Mitteltrieb kann nach der Wuchsstockung
wieder die Spitze bilden, der Schaft bleibt dann gerade, sehr oft weist aber
ein besonders starker Ast aus dieser Zeit dann darauf hin, daß während einer
Zuwachsstockung dieser Ast mit dem Haupttrieb um die Führung gekämpft
hat. Wie weit die Stockung äußerlich erkennbar ist, hängt auch sehr stark
davon ab, wie weit die Stockung zurückliegt. Schwächere Krümmungen
werden auf guten Böden allmählich überwachsen. Auch die stärksten Äste
werden allmählich abgeworfen.

Aus der Übersicht geht hervor, daß bei den meisten untersuchten Kiefern
eine deutliche Spur der ersten schweren Wuchsstockung noch äußerlich zu er=
kennen ist. Wenn ein starker Ast als Kennzeichen angegeben würde, so sind
darunter nicht normale stärkere Äste zu verstehen, sondern Äste, die schon durch
ihre steile Stellung und ihre Verzweigung erkennen lassen, daß sie längere
Zeit ein herrschender Teil der Krone waren. Andererseits zeigen natürlich
nicht alle Stämme eines Bestandes eine Stockung durch solche Kennzeichen an,
sondern es finden sich diese immer nur an einem mehr oder weniger großen
Teil der Stämme. Achtet man aber einmal auf diese Erscheinungen, so
wird man immer wieder finden, daß sich solche gleichartigen Krümmungen
sehr oft in gleicher Höhe finden. Das heißt, daß die Stämme des Bestandes
im gleichen Alter und in gleicher Höhe geschädigt wurden.

In Abschnitt B der Tab. 1 sind die Kronenanalysen auf besseren Stand=
orten zusammengestellt. Die Kronen unterscheiden sich von denen auf ge=
ringen Standorten dadurch, daß die Wuchsstockung erst in größerer Höhe
eintrat (siehe Spalte 2). Meist gibt diese Wuchsstockung dann den Anlaß
zur Kronenauflösung, in einigen Fällen wurde aber auch die erste Wuchs=
stockung ohne Verlust des Mitteltriebs überwunden und die Auflösung trat
erst später ein. In 2 Fällen trat überhaupt keine Auflösung in Äste ein,
sondern die Hauptsache blieb als solche erhalten (Chorin Stamm Nr. 5 und
Stadtforst Eberswalde Jagen 5 Stamm Nr. 7).

IV. Die Höhenzuwachsschwankungen.

Im Laufe der vorliegenden Untersuchung wurde immer wieder auf die
Bedeutung der Zuwachsstockungen für die Kronenentwicklung hingewiesen.
In dem folgenden Abschnitt soll auf den Verlauf der Zuwachsschwankungen
und ihre Ursachen näher eingegangen werden.

a) Auf trockenen Böden.

Nach den Durchschnittswerten der Ertragstafel verläuft der Höhenzuwachs nach der großen Periode; die Höhenzuwachskurve steigt in der Jugend steil an, erreicht ein Maximum und fällt dann wieder ziemlich rasch. Die Höhe der Kiefer strebt also einem Grenzwert zu, der je nach der Bonität verschieden ist, wie dies mathematisch schon von R. Weber (28) und J. Schubert (20) ausgedrückt wurde. In der Wirklichkeit verläuft der Höhenzuwachs ganz anders, weil im Einzelfall das Gesetz der großen Periode durch andere Einflüsse vollkommen überdeckt werden kann, viel mehr treten die Zuwachsschwankungen hervor.

Betrachtet man die Höhenzuwachskurve der Abb. 17, so kann man an ihrem Verlauf kurzperiodische und langperiodische Schwankungen unterscheiden. Während die ersteren ein- bis zweijährigen Schwankungen den Ablauf der Höhenzuwachskurve nach der großen Periode nicht stören, weicht bei den langperiodischen mehrjährigen Schwankungen der Höhenzuwachs entscheidend vom Verlauf der Durchschnittskurve ab. Bei diesen langjährigen Zuwachsstockungen liegt eine pathologische Schädigung der Wuchskraft der Kiefer vor, von der sich der Baum erst nach

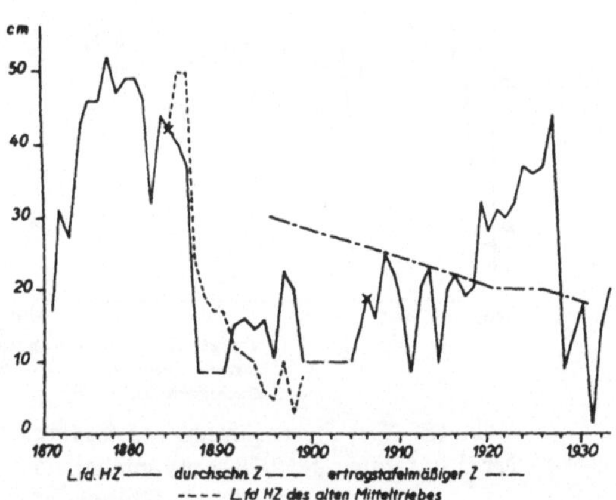

Abb. 17. Der Höhenzuwachs des Stammes stockte 1889 infolge des Dürrejahres 1888 mit 7,5 cm Höhe. Der Zuwachs erholte sich erst nach 20 Jahren um 1907, nach 1920 bildete die Kiefer infolge des sehr starken Höhenzuwachses eine neue spitze Krone, vergl. Abb. 13 (Hundeluft, Jg. 83, St. 7).

einer Reihe von Jahren erholen kann. Durch diese langperiodischen Schwankungen kann sogar die Bonität entscheidend verändert werden.

Die kurzperiodischen Schwankungen sind durch den jährlichen Wechsel der veränderlichen Wuchsfaktoren verursacht; diese Schwankungen gleichen sich im Verlauf weniger Jahre aus und spielen für die Entwicklung der Kiefernkrone keine Rolle. Dagegen sollen hier die langperiodischen mehrjährigen Schwankungen näher behandelt werden.

Es wurde schon in der Einleitung darauf hingewiesen, daß die Zuwachsschwankungen im Untersuchungsgebiet zum großen Teil auf Niederschlagsschwankungen zurückzuführen sind. Es ist deshalb zu erwarten, daß die Schwankungen einmal dort am deutlichsten hervortreten, wo die stärksten Niederschlagsschwankungen vorkommen, und außerdem auf Böden mit ungünstigem Wasserhaushalt.

Ein extremes Beispiel für langperiodische Abweichungen des Zuwachs=
gangs vom ertragstafelmäßigen Zuwachs wurde schon bei der Besprechung
des Höhenzuwachses von Krüppelbeständen in Abschnitt III c, Abb. 12, S. 389,
gebracht. Der Zuwachs war hier während mehr als 40 Jahren so schwach,
daß die Schwankungen zwar relativ hoch, aber absolut so gering waren, daß
sie für die Entwicklung der Kiefer gänzlich ohne Bedeutung waren. Nach

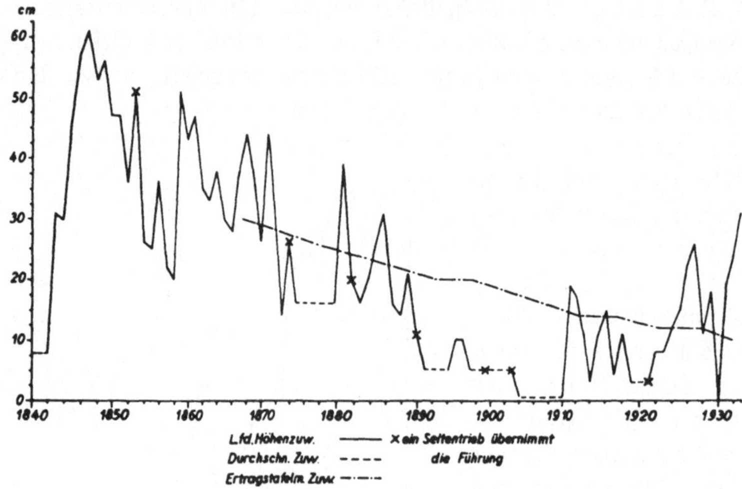

Abb. 18. Der Höhenzuwachs des Stammes stockte zum erstenmal infolge
der Dürrejahre 1872/76, dann wieder nach 1888. (Hundeluft, Jagen 83,
Stamm 12.)

1925 trat aber infolge der vermehrten Niederschläge und der Standorts=
besserung eine Zuwachssteigerung ein, die die ganze Entwicklung dieser
Kiefern von Grund auf änderte.

Beispiele für den Verlauf des Höhenzuwachses auf etwas besseren, aber
immer noch trockenen Böden in Hundeluft wurden ebenfalls oben gebracht,
s. Abb. 4, S. 381. Ein weiteres Beispiel ist der Verlauf des Höhenzuwachses
von Stamm Nr. 7 aus Hundeluft, Abb. 17, dessen Kronenanalyse in Abb. 13
wiedergegeben ist. Typisch ist für alle diese Kurven das plötzliche Absinken
des Zuwachses nach hohem Jugendzuwachs. Es schließt sich daran eine
Zuwachsstockung an, von der sich die Kiefern nicht oder erst nach längerer
Zeit wieder erholen. Es liegt also bei diesen langperiodischen Schwankungen
eine pathologische Schädigung vor, deren Fortwirkung über längere Zeit=
räume dauert. In der Abb. 17 tritt die erste Zuwachsstockung 1888 im Alter
von 20 Jahren ein; der Zuwachs erholt sich erst nach 20 Jahren wieder um
1907, erreicht dann aber während 10 Jahre noch nicht einmal die ertrags=
tafelmäßige Höhe, um nach 1919 weit über die Ertragstafel zu steigen. Diese
Zuwachssteigerung hängt wohl mit den Auswirkungen der Streuschonung
und den vermehrten Niederschlägen zusammen.

In dieser Zeit setzt die Kiefer dann auf die Krone der Stockungszeit eine neue spitze Krone auf, s. Abb. 13, S. 390. Daß die Höhenzuwachsenergie aber doch nachläßt, zeigt die schroffe Wirkung einer Beschädigung des Mitteltriebs im Jahr 1928, die bei voller Wuchskraft leicht überwunden worden wäre.

Der eben betrachtete Stamm war zur Zeit der Analyse 65jährig. Bei dem zur Zeit der Untersuchung 93jährigen Stamm 12 der Abb. 18 aus Hundeluft läßt sich die Entwicklung noch weiter zurückverfolgen. In der Abb. 18 tritt die erste Zuwachsstockung um das Jahr 1874, also mit 34 Lebensjahren, infolge der Trockenjahre 1872/76 ein; der Zuwachs stockt dann 5 Jahre, erholt sich wieder, stockt wieder um 1890, erholt sich, fällt wieder 1914 und steigt wieder um 1925 an. Es ist also ein stetiges Auf und Ab, in dem Zeiten hohen Zuwachses mit Zeiten ganz geringen Zuwachses wechseln.

Die Beobachtung, daß die Zuwachsstockungen zum großen Teil auf Dürrejahre zurückzuführen sind, wird also nicht nur für das Jahr 1911, sondern auch für weiter zurückliegende Dürrejahre bestätigt. So hatten die bekannten Dürejahre 1872/76 bei Stamm 12, ebenso das Jahr 1888 bei Stamm 7, Abb. 17, Zuwachsstockungen zur Folge. Dabei haben aber dieselben Dürrejahre auf verschiedenaltrige Kiefern eine unterschiedliche Wirkung. Während das Dürrejahr 1874 bei der damals ganz jungen Kiefer der Abb. 17 keinen Zuwachsrückgang hinterläßt, wirkt auf diese Kiefer das Trockenjahr 1888 ganz ähnlich wie das für diese Kiefer folgenlose Trockenjahr 1874 auf die ältere Kiefer der Abb. 18. Das Trockenjahr 1911 hinterläßt bei beiden Stämmen nur eine kurze Zuwachsstockung, die bald überwunden wird. Dagegen wirkt das Trockenjahr 1911 sehr kräftig bei der jüngeren Kiefer der Abb. 4 oder dem gleichaltrigen Stamm Nr. 5, Kronenanalyse s. Abb. 13. Ganz ähnlich ist die Wirkung des Trockenjahres 1911 auf die Eberswalder Kiefern der Abb. 8. Es werden also durch verschiedene Dürrejahre, wenn sie Kiefern eines gewissen Alters treffen, ganz ähnliche Wirkungen erzielt.

Ob diese verschiedene Empfindlichkeit der Kiefer nun unmittelbar mit dem Alter oder mit anderen Gründen zusammenhängt, bleibt eine zunächst offene Frage.

Während nach Dürrejahren der Zuwachs auf sehr geringe Werte sinkt, steigt andererseits in Zeiten hohen Niederschlags, wie sie zwischen den Trockenjahren öfter auftreten (s. Teil II dieser Arbeit), der Zuwachs wieder steil an.

Typisch für die Höhenzuwachskurven von Hundeluft sind daher die starken Schwankungen; eine Übersicht über ihre Stärke gibt die Tabelle 2, Abteilung a. Die Tabelle gibt in Abschnitt I den höchsten festgestellten Höhenzuwachs vor der erften schweren Zuwachsstockung an. Der höchste Zuwachs wird zwischen dem 6. und 25. Lebensjahr mit etwa 50 cm erreicht. Der geringste Höhenzuwachs in der ersten Zuwachsstockung (Abschnitt II) schwankt zwischen 1,5 und 16 cm. Die Stärke der Erholungsfähigkeit zeigt Abschnitt III. Bei einigen Stämmen ist der Zuwachs wieder fast so stark wie in der Jugend, und auch noch in höherem Alter kann der Höhenzuwachs vorübergehend sehr stark sein. Die Schwankungen (Abschnitt IV) bewegen sich zwischen etwa 200 und 2300 %!

Tab. 2.
Schwankungen des Höhenzuwachses.

Stamm Nr.	Alter und Bonität	I		II		III		IV	
		Höchster Höhen-zuwachs vor der ersten schweren Stock.		Geringst. Höhen-zuwachs in der ersten schweren Zuwachsstockung		Höchster Höhen-zuwachs nach der ersten schweren Zuwachsstockung		Schwankung in %	
								$\mathrm{Sp}\,4\times100$	$\mathrm{Sp}\,8\times100$
								$\mathrm{Sp}\,6$	$\mathrm{Sp}\,6$
		Lebensj.	cm	Lebensj.	cm	Lebensj.	cm		
1	2	3	4	5	6	7	8	9	10
a									

a) auf mittleren Standorten in Hundeluft

Stamm Nr.	Alter und Bonität	Lebensj.	cm	Lebensj.	cm	Lebensj.	cm	$\mathrm{Sp}\,4\times100/\mathrm{Sp}\,6$	$\mathrm{Sp}\,8\times100/\mathrm{Sp}\,6$
5	46 III	19	55	34	4	42	48	1350	1200
6	46 III	14	49	36	4	46	52	1225	1300
7	65 III	10	52	20—23	8[1]	59	44	650[1]	550
8	48 III	6 und 25	46	34	5	42	58	920	1160
10	68 III/IV	8	56	27—38	1,5[1]	62	34	3733[1]	2266
11	52 III	10	51	24—25 31	11[1] 3	46	40	464[1] 1700	1333
12	93 III/IV	7	61	35—40	16[1]	93	31	381[1]	194

[1] Durchschnittlicher Zuwachs.

b) auf mittleren und guten Standorten in Chorin und Eberswalde

Stamm Nr.	Alter und Bonität	Lebensj.	cm	Lebensj.	cm	Lebensj.	cm	$\mathrm{Sp}\,4\times100/\mathrm{Sp}\,6$	$\mathrm{Sp}\,8\times100/\mathrm{Sp}\,6$
1	81 II/III	29?	67?	39—42	9	43	43	744?	467
2	81 II/III	?	?	25—28	20[1]	34	40	—	200
4	81 III	?	?	38	13	46	40	—	308
5	81 III	44?	32?	54—57	5[1]	81	28	640?	560
6	84 III	?	?	34—37	4	40	37	—	925
7	111 II	?	?	52—55	9	65	45	—	500
8	110 II	31?	55?	32—36	12[1]	42	40	458	333

[1] Durchschnittlicher jährlicher Höhenzuwachs.

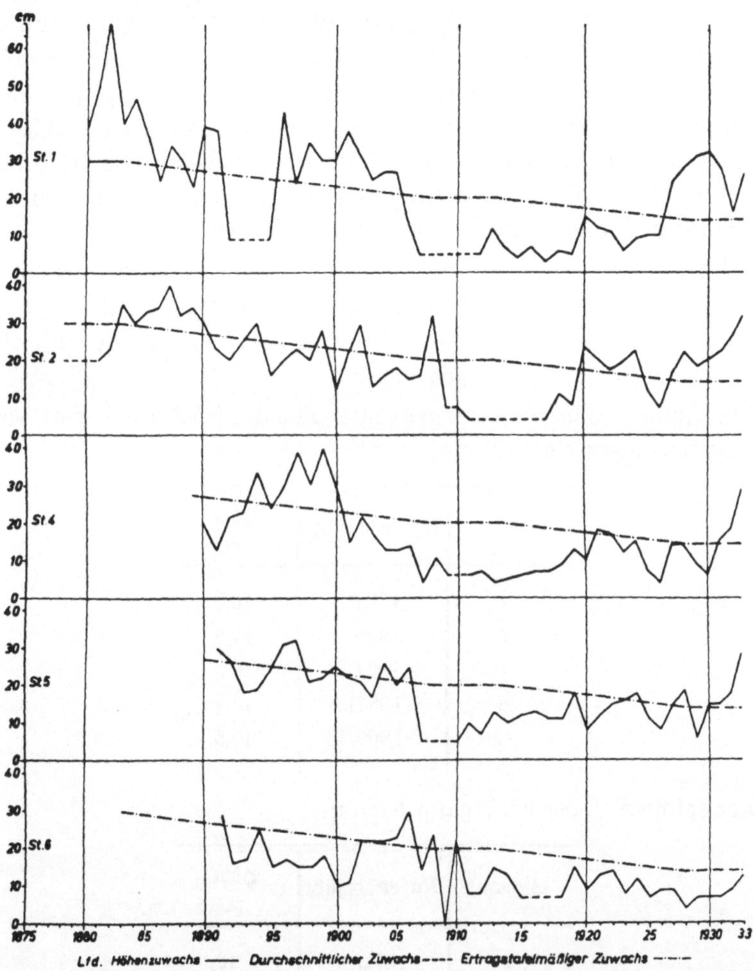

Abb. 19. Verlauf des Höhenzuwachses bei 5 Kiefern in Chorin, Jagen 76.
Der Höhenzuwachs läuft in den Grundzügen bei allen fünf Stämmen
parallel, im einzelnen tritt die Zuwachsstockung um 1910 bei den einzelnen
Kiefern zu verschiedenen Zeiten ein, später erholte sich der Höhenzuwachs
um das Jahr 1920 infolge vorübergehend hoher Niederschläge in diesem
Jahrzehnt.

b) Auf Böden mit ausgeglichenem Wasserhaushalt.

Die im Forstamt Chorin im Jagen 76 untersuchten etwa 80jährigen
Kiefern, von denen in der Abb. 5 eine Kronenanalyse wiedergegeben ist,
stocken auf dem Sandr vor der Choriner Endmoräne; es handelt sich um
einen besseren frischen Boden, wie er in Hundeluft nicht angetroffen wurde.
In Teil II b der Arbeit wurde dargelegt, daß auch die Niederschlagsschwan=
kungen in Eberswalde lange nicht so extrem sind wie im Gebiet von Hunde=
luft. Es ist also anzunehmen, daß der Wasserhaushalt in diesem Bestand in

ungünstigen Jahren nicht so angespannt ist wie in den in Hundeluft unter=
suchten Fällen.　In Abb. 19 ist der Zuwachsgang der dort analysierten
Kiefern dargestellt.　Die 5 Stämme zeigen in den Grundzügen dieselben
Abweichungen von dem ertragstafelmäßigen Gang des Höhenzuwachses. Nach
anfänglich hohem Jugendzuwachs mit starken Schwankungen sinkt der Zu=
wachs etwa in der Mitte des Aufnahmezeitraums, um dann wieder bis auf
einen Stamm, der sich nicht erholt, stark anzusteigen.

Bei näherem Betrachten fällt auf, daß vor der ausgesprochen schlechten
Zuwachsperiode eine zweite nicht so ausgeprägte Periode schlechten Zuwachses
liegt, die sich aber nicht bei allen Stämmen ausprägt.　Diese erste Wuchs=
stockung ist also nicht so schwer gewesen.

Die schwere allgemein ausgeprägte W u c h s s t o c k u n g trat etwa in
den Kalenderjahren ein:

Stamm	Kalenderjahr	Höhe m
1	(1907) [5]	16,5
2	1909	16,5
4	1904	16
5	(1907) [5]	16
6	1909/11	17,5

Der leichtere Zuwachsrückgang begann:

Stamm	Kalenderjahr	Höhe m
1	1892	13
2	1878 (?)	etwa 7
4	1888	13
5	—	—
6	1884	12

Es lassen sich also bei diesen Stämmen nicht so enge Beziehungen zu
Dürrejahren aufstellen wie bei den Analysen in Hundeluft.　Trotzdem laufen
die Zuwachskurven weitgehend parallel, vor allem fällt auf, daß die schwere
Wuchsstockung alle 5 Kiefern in etwa dem gleichen Alter und der gleichen
Höhe traf.

Nach der oben beschriebenen schweren Wuchsstockung setzte bei den Kiefern
eine Z u w a c h s s t e i g e r u n g in den folgenden Kalenderjahren wieder ein:

---

[5] Das Kalenderjahr ist nicht sicher feststellbar, weil nur der durchschnittliche Zu=
wachs während dieser Zeit gemessen werden konnte.

Stamm	Kalenderjahr
1	1920
2	1920
4	1921
5	1919
6	(1919) (nur geringe Erholung)

Die Zuwachssteigerung begann also bei allen Stämmen zwischen 1919 und 1921, dabei befindet sich unter den 5 Stämmen nur ein Stamm, der sich erst im dritten Jahre erholt. Es wirkten sich hier die starken Frühjahrsniederschläge des Jahres 1919 aus, auf die schon in Teil II der Arbeit hingewiesen wurde. Ihre Wirkung wurde durch die hohen Niederschläge nach 1921 verstärkt.

Der günstige Einfluß des nassen Wetters dieser Jahre wird nur durch die Folgen eines Eulenfraßes im Jahre 1924 unterbrochen. Ein kurzer Zuwachsrückgang ist bei allen 5 Stämmen die Folge. Die Schädigung wird aber bis auf Stamm 6 schnell überwunden, und es setzte eine starke Zuwachssteigerung ein, die die ertragstafelmäßige Leistung bedeutend übersteigt.

Auch die Trockenjahre 1928 und 1929 werden rasch überwunden, weil die anderen Jahre so hohe Niederschläge hatten, daß die Dürrejahre sich nicht auswirken konnten. Eine Übersicht über die Stärke der Schwankungen gibt Abteilung b der Tabelle 2 in derselben Weise wie für die Zuwachsstockungen in Hundeluft. Weil die wertvollen Stämme nicht ganz zerschnitten werden sollten, konnte der Höhenzuwachs nicht bis in die früheste Jugend zurückverfolgt werden. Die Angaben in Spalte 3 sind deshalb sehr unsicher, sie werden aber der Vergleichbarkeit wegen soweit wie möglich doch angeführt.

Im Vergleich zu Hundeluft sind in Chorin und Eberswalde die in Teil IV der Tabelle angegebenen Schwankungen klein. Entsprechend dem viel ausgeglicheneren Niederschlagsklima und dem besseren Boden war dies Ergebnis aber auch zu erwarten. Werden doch durch die wasserhaltende Kraft des kolloidreichen Bodens die außerdem noch schwächeren Dürren weitgehend ausgeglichen. Dadurch ist es auch zu erklären, daß sich bei diesen Untersuchungen keine so engen Beziehungen zum Niederschlag ergaben, weil der Einfluß des Niederschlags weitgehend durch andere Faktoren übertönt werden kann.

c) Der Zusammenhang der Zuwachsschwankungen mit Baumhöhe, Alter und Bonität.

In den vorhergehenden Abschnitten wurde festgestellt, daß auf gleichem Standort die Zuwachsstockung im etwa gleichen Alter einsetzte.

Es ist nun näher zu untersuchen, ob diese Empfindlichkeit der Kiefer gegenüber Dürren eine einfache Alterserscheinung ist oder ob sie mit anderen Gründen zusammenhängt.

Nach den Höhenzuwachsmessungen in Hundeluft kann sich der Höhenzuwachs der Kiefer nach langjähriger Stockung so gut erholen, daß in extremen Fällen der maximale Jugendzuwachs noch im höheren Alter überschritten wird. Dieser Zuwachsgang konnte durch das Zusammenwirken einer Standortsbesserung mit vorübergehend abnorm hohen Niederschlägen erklärt werden. Die Zuwachsstockung mit nachfolgender Kronenabwölbung setzte auf verschiedenen Standorten in ganz verschiedenem Lebensalter ein, s. Tabelle 1.

Die Krüppelbestände in Hundeluft bildeten schon in 2 m Höhe eine abgewölbte Krone. Die in Eberswalde untersuchten Kiefern IV. Bonität stockten im 29. Lebensjahr in 7,5 m Höhe. Die in Chorin untersuchten Kiefern III. Bonität lösen ihren Stamm in 12—14 m Höhe auf im etwa 40. Lebensjahr. Die Kiefern II. Bonität in Eberswalde bilden ihre endgültige Krone etwa im 60. Lebensjahr. Und auf den besten, hier nicht untersuchten Standorten wird von der Kiefer ein durchlaufender Schaft von 25 m Länge gebildet.

Es besteht also keine einfache Beziehung zwischen Lebensalter und Kronenauflösung, sondern die Kiefern erhalten bis zu einem mit der Güte des Bodens zunehmenden Alter den Mitteltrieb und lösen in einer standörtlich verschiedenen Höhe ihre Krone auf. Dabei ist die kritische Höhe auf schlechten Böden sehr viel niedriger als auf guten; bei Standortsverbesserung kann die kritische Höhe sich nach oben verschieben, wie dies in Hundeluft gezeigt wurde. Ebenso wölben Kiefern bei Einführung der Streunutzung, wie häufig beobachtet wurde, plötzlich ihre Krone ab.

Im Anschluß an R. Weber (28) wird folgende Erklärung hierfür versucht: Erstens wachsen mit zunehmender Höhe die Widerstände, die die

Kiefer überwinden muß, um das Wasser bis in die Kronenspitze hinaufzu=
heben, und zweitens werden auf trockenen Böden die Schwierigkeiten viel
größer, die die Kiefer überwinden muß, um das nötige Wasser dem Boden
zu entziehen. Je ungünstiger der Wasserhaushalt des Bodens ist, bei desto
geringerer Baumhöhe kann eine extreme Trockenperiode die Kiefer so
schädigen, daß der Höhenzuwachs plötzlich auf geringe Werte sinkt, und die
Fähigkeit zum Ersetzen des Mitteltriebs verloren geht. Mit abneh=
mender Güte des Standorts nimmt also die Hubhöhe
ab, bis zu der die Kiefer das Wasser heben kann. Diese
Hubhöhe wird durch die größten vorkommenden
Dürrewerte bestimmt.

Auf sehr geringen Böden wird die Kiefer schon
durch die erste Wuchsstockung so geschädigt, daß sie sich
nicht wieder erholt und so dauernd stockt, daß die Krone sich endgültig
abwölbt. Ein Beispiel hierfür ist der Zuwachsgang der Kiefern IV. Bonität
in Eberswalde, Abb. 8. Auf besseren Böden werden die
ersten Zuwachsstockungen in günstigen Zeiten meist
überwunden, erst nach späteren Wuchsstockungen, nach Erreichen
einer größeren Baumhöhe kann die Kiefer sich nicht mehr erholen, und erst
in diesem Stadium geht der Mitteltrieb dann endgültig verloren, die Krone
löst sich in Äste auf und wölbt sich ab.

Trifft dieser Erklärungsversuch zu, so müssen in Beständen, in denen
verschiedenaltrige Kiefern nebeneinanderstehen, diese etwa in gleicher Baum=
höhe und auch etwa im gleichen Alter im Höhenzuwachs stocken.

Von Wecke (29) wurden 1932 in den Eberswalder Jagen 112/113
10 Kiefern III.—IV. Bonität, die aus den Jahren 1795—1840 stammten,
analysiert. Der älteste 137jährige Stamm war 20,2 m, die beiden jüngsten
erst 92jährigen 20,2 und 19,6 m hoch; genauere Angaben finden sich in
Tabelle 3. Die Krone war bei allen Stämmen bis auf den höchsten Stamm
Nr. 7 abgewölbt. Da die Höhe bei allen Stämmen etwa gleich ist, und der
Höhenzuwachs abgeschlossen ist, haben die Stämme trotz des nach der Be=
standsbeschreibung wechselnden Standorts wohl ihre Endhöhe erreicht. Die
ersten Stockungen[6] beginnen 1855, bei mehreren Stämmen kommen dann
Stockungen ab 1863 vor; diese an Zuwachsrückgängen reiche Periode dauert
bis etwa 1897 und klingt dann langsam ab. Nur bei zwei Stämmen und
schließlich nur einem lassen sich die Wirkungen der Trockenjahre nach 1904
noch schwach verfolgen, deren Wirkung bei den jüngeren Choriner Kiefern
so deutlich war. Von früheren Dürrejahren wirkt sich bei diesen Kiefern
vor allem das Dürrejahr 1893 aus, aber außer bei dem einen Stamm
Nr. 10 traten die ersten schweren Stockungen schon früher ein; besonders
scheint das bekannte in Eberswalde nicht mehr meteorologisch beobachtete

---

[6] Die Zuwachsmessungen sind hier nicht veröffentlicht.

Tabelle 3.
Die Zuwachsstockungen der Stämme der Tabelle 2
nach Lebensjahren geordnet.
Eberswalde, Jagen 112/113.

Stamm	Erster Jahrring	Höhe	Bonität	Erste schwere Stockung		
				Kalender-jahr	Lebens-jahr	Höhe m
Spalte 1	2	3	4	5	6	7
5	1795	20,2	IV	1882 (?)	87 (?)	15,7
1	1812	19,1	IV	1870	58	14,7
2	1812	20,0	III/IV	1875	63	14,5
7	1814	21,0	III·IV	1872	58	14,6
3	1823	18,0	IV	1875	52	15,6
4	1825	20,7	III	1884	59	16,4
8	1826	18,3	III/IV	1874	48	12,4
9	1826	20,3	III	1879	53	15,1
6	1840	20,2	III	1887	47	16,3
10	1840	16,6	IV	1893	53	16,6

Dürrejahr 1874 gewirkt zu haben. Die früheren schweren Stockungen sind wahrscheinlich auf das Trockenjahr 1868 zurückzuführen. Kleine Un=stimmigkeiten erklären sich wohl durch Unsicherheiten in der Zurechnung der Höhentriebe und Jahresringe, die bei langen Beobachtungsreihen leider un=vermeidbar sind. Die Stämme sind in Tabelle 3 nach dem in Spalte 2 angegebenen Alter geordnet. In Spalte 3 ist außerdem die erreichte Baum=höhe angegeben. Es werden in der Tabelle nur die ersten schweren Stockungen eines jeden Stammes betrachtet, deren Kalenderjahr in der Spalte 5 angegeben ist. Sieht man von dem ersten ältesten Stamm ab, der später besprochen wird, so stockten die Stämme aus den Jahren 1812 bis 1814 im Jahre 1875 etwa im 60. Lebensjahr. Die Stämme aus den Jahren um 1825 zwischen 1875 und 1884 im 50.—60. Lebensjahr und die beiden jüngsten Stämme aus dem Jahre 1840 im 47. und 53. Lebensjahr 1887 und 1893.

Es zeigt sich also eine gewisse Beziehung des Eintritts der ersten schweren Stockung zum Lebensalter, das in Spalte 6 angegeben ist. Etwa im Lebensalter von 50—60 Jahren scheint die Kiefer auf diesem Standort gegenüber Trockenjahren und anderen Zuwachsstörungen besonders empfindlich zu werden, so daß sie nach ihnen längere Zeit im Höhenzuwachs stockt, während sie im jüngeren Alter die Schädigung leichter überwindet.

Aus den Höhenzuwachskurven Weckes wurden die Höhen berechnet, in denen die erste schwere Stockung eintrat; sie ist in der letzten Spalte der Tabelle eingetragen. Wenn man den einen Extremwert 12,4 m nicht be=

rücksichtigt, trat die erste schwere Zuwachsstockung in dem erstaunlich engen Spielraum von 2 m in 14,5—16,6 m Höhe auf. Als die Kiefern diese Höhe erreicht hatten, wurden sie durch die erste dann eintretende Dürrezeit und andere Zuwachsschädigungen so schwer geschädigt, daß sie längere Zeit zum Ausheilen der erlittenen Schäden brauchten.

Durch die Analyse dieser verschiedenaltrigen Stämme aus einem Bestand wird also die obige Annahme bestätigt, daß es für den gleichen Standort eine bestimmte kritische Höhe gibt, bis zu der der Höhenzuwachs ohne schwere Störungen verläuft. Ist diese Höhe aber erreicht, dann treffen Dürrejahre den Zuwachs so schwer, daß er auf lange Zeit stockt, und auch später nur noch geringe Werte erreicht, falls nicht etwa durch eine verhältnismäßig selten eintretende Standortsbesserung der Höhenzuwachs von neuem angeregt wird.

V. Durchmesserzuwachsschwankungen.

a) Allgemeines.

Die Messung des Höhenzuwachses ist immer mit mehr oder weniger großen Unsicherheiten verbunden. Erstens gehen gerade in Zeiten des Zuwachsrückgangs leicht Höhentriebe verloren, so daß eine sichere Datierung der Höhentriebe sehr erschwert ist, und dann werden die in Stockungsjahren gebildeten schwachen Quirle später oft so stark überwachsen, daß man die Internodien nicht mehr feststellen kann.

Dagegen läßt sich der Durchmesserzuwachs genauer mit geringerem Zeitaufwand messen, und es hat sich deshalb in der Versuchsanstalt ein viel größeres Material gesammelt, das auf Zuwachsschwankungen untersucht werden konnte.

Das Maximum des Durchmesserzuwachses liegt ebenso wie bei dem Höhenzuwachs in sehr früher Jugend. Nach diesem Maximum sinkt der Durchmesserzuwachs aber nicht so schnell wie der Höhenzuwachs, weil der Durchmesser nicht so wie die Baumhöhe einem biologisch bedingten Grenzwert zustrebt. Der Durchmesserzuwachs ist deshalb bis ins höhere Alter leichter meßbar, und Zuwachsschwankungen lassen sich auch in diesem Alter noch gut verfolgen.

b) Der Durchmesserzuwachs bei Messung des Zuwachses der einzelnen Jahre.

1. Der Zuwachsgang auf trockenen Böden.

Untersuchungen an geringwüchsigen Kiefern wurden auf Anregung von Prof. Wiedemann durch Frerich (9) im Forstamt Peitz ausgeführt. Er zog hierzu 12 Stämme aus 3 verschiedenaltrigen Beständen IV. bis

V. Bonität heran, die auf tiefgründigen trockenen Sanden stocken. Die zur Zeit der Untersuchung rund 60jährigen Kiefern zeigen nur zum Teil größere Schwankungen im Durchmesserzuwachs. Bei 3 Stämmen von den 4 Stämmen der Abb. 20 sinkt der Zuwachs nach dem Trockenjahr 1888, also schon im 20. Lebensjahr, während bei einem Stamm schon vorher, also aus einem anderen Grund, der Zuwachs stark nachließ. Bezeichnend ist nun für diese Kiefern auf ärmsten Böden, daß ebenso

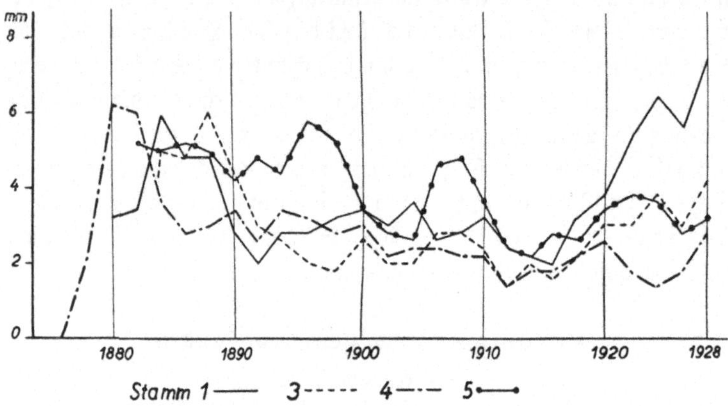

Abb. 20. 2jähriger periodischer durchschnittlicher Durchmesserzuwachs von vier 60jährigen Kiefern in Peitz, Jagen 103. Der Durchmesser=zuwachs dieser vier Kiefern aus einem Bestand IV./V. Bonität fiel im allgemeinen nach dem Trockenjahr 1888 im 20. Lebensjahr, bei einem Stamme trat die Zuwachsstockung erst nach dem Dürrejahr 1900 ein. Der Zuwachs erholt sich teilweise nach 1920.

wie der Höhenzuwachs auch der Durchmesserzuwachs auf sehr lange Zeit nach der Zuwachsschädigung sehr niedrig bleibt. Nur bei Stamm 4 erholt sich der Zuwachs nach 1894, als in Peitz eine Folge dürrearmer Sommer eintrat (s. Abb. 2). Der Zuwachs stürzte dann wieder infolge des Dürrejahres 1900; wieder folgt eine kurze Erholung in einer Zeit hoher Niederschläge, und wieder sinkt der Zuwachs nach 1911. Nur bei einem der Stämme erholt sich der Zuwachs nach 1921 stärker, bei den anderen zeigt sich nur eine geringe Steigerung des Zuwachses. Die älteren hier nicht näher besprochenen von Frerich untersuchten Kiefern hatten ebenfalls größere Zuwachsschwan= kungen in der Jugend, während im höheren Alter der Zuwachs so klein blieb, daß die Schwankungen nicht mehr meßbar waren.

Auffallend ist wie bei dem Höhenzuwachs der frühe Eintritt der ersten schweren Zuwachsstockung auf diesen armen Sandböden. Bei ähnlichen Be= ständen im Forstamt Schönlanke traten nach Messungen von Hoffs und Schröer (12) die ersten schweren Zuwachsstockungen schon im 24. Lebens= jahr mit einer mittleren Abweichung von ± 5 Jahren ein. 8 von den unter=

suchten 24 ganz verschiedenaltrigen Beständen zeigten dabei sehr lang=
dauernde Zuwachsstockungen. Allerdings erholten sich die Kiefern meistens
für kürzere Zeit nach der ersten schweren Zuwachsstockung von 6 bis
18 Jahren, um sich von der nächsten Zuwachsschädigung dann aber bis zum
Untersuchungsjahr 1930 nicht wieder zu erholen. Diese dauernde Stockung
setzte bei den untersuchten Beständen schon um 1880 ein, so daß die Kiefern schon 50 Jahre lang bis zur Unter= suchung die Zuwachsschädigung nicht überwunden hatten. Eine genauere Auswertung der Zuwachsmessungen in Schönlanke für diese Arbeit war aber nicht möglich, weil die Meßperioden zu lang sind und die Messungen am Stammfuß ausgeführt wurden. Ent= gegen den sonstigen Beobachtungen im nordostdeutschen Kieferngebiet trat in Schönlanke im Jahrzehnt 1920 bis 1930 keine Zuwachssteigerung ein. Dies ist wahrscheinlich nach Mitteilung von Forstmeister **Pfort** auf den Eulenfraß 1923/24 und den Nonnen= fraß 1925/26 zurückzuführen.

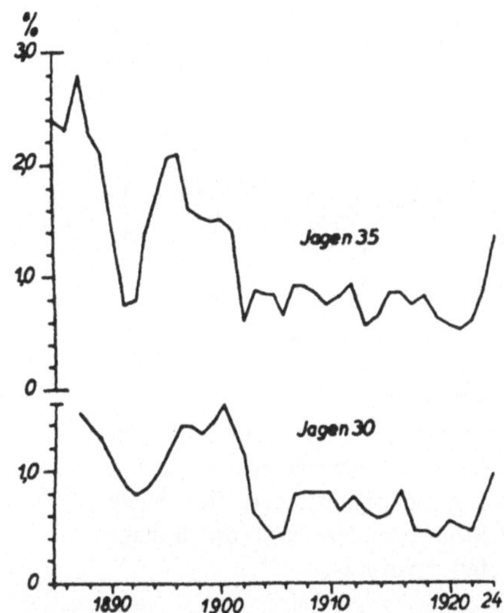

Abb. 21. Laufend jährl. Durchmesser=
zuwachs in Prozenten in der Stadtforst
Krakau. Der Zuwachs sinkt in Krakau
nach gutem Jugendwachstum infolge des
Trockenjahres 1888, erholt sich während
der Jahre 1900 und sinkt 1902 wahr=
scheinlich wegen eines Spannerfraßes.
Dessen Wirkung wird durch nachfolgende
Dürrejahre 1904 und 1911 verstärkt. Wie
in Peitz tritt um 1924 eine Erholung
ein.

Ähnliche Messungen des Durch=
messerzuwachses auf armen Böden ver=
anlaßte Prof. **Wiedemann** 1924
in Krakau, dem durch den Vergleich
mit Bärenthoren bekannt gewordenen
Revier. Die Stammanalysen waren
ursprünglich für 5jährige Perioden
ausgeführt worden. In dieser Form
sind die Ergebnisse auch von ihm veröffentlicht worden (31). Um den Ein=
fluß der Witterung zu verfolgen, wurde später an den Stammscheiben der
Durchmesserzuwachs der einzelnen Jahre gemessen. Es werden hier die
Ergebnisse aus den Jagen 30 und 35 herangezogen, s. Abb. 21. Da die
Stammscheiben zur Zeit der Messung schon etwas eingetrocknet waren,
wurde der Zuwachs in Prozenten aufgetragen. Ähnlich wie in Peitz sinkt
der Zuwachs nach gutem Jugendzuwachs infolge des Trockenjahres 1888 im
Alter von etwa 40 Jahren plötzlich ab. Er erholt sich dann während der
90er Jahre, um nach 1902 stark wieder zu sinken [7]. Von dieser Stockung

---

[7] Der Zuwachsrückgang hängt wahrscheinlich mit dem Spannerfraß zusammen,
der 1902 in diesem Gebiet auftrat.

können sich die Kiefern auch während der zuwachsgünstigen Jahre vor 1911 nicht wieder erholen, und der Zuwachs hält sich nur wenig schwankend bis zur Untersuchung im Jahr 1924 auf etwa gleicher Höhe. Erst in den letzten Jahren steigt der Zuwachs ebenso wie in Peitz etwas an. Diese Erholung hängt mit dem Einsetzen höherer Niederschläge zusammen und entspricht

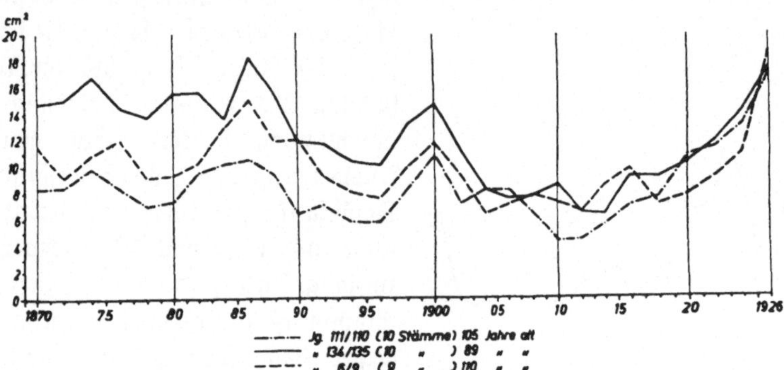

Abb. 22. Verlauf des Kreisflächenzuwachses von 29 Kiefern im Forstamt Annaburg. Der Kreisflächenzuwachs verläuft in den drei Bestandespaaren fast gleich. Die zwei Perioden geringen Zuwachses erklären sich durch gleichzeitige Dürreperioden, die Zeiten hohen Zuwachses sind durch hohe Niederschläge in dieser Zeit verursacht.

der Steigerung des Höhenzuwachses in Hundeluft in denselben Jahren. Auch die lange Stockung des Durchmesserzuwachses nach anfangs gutem Jugendzuwachs infolge einer Schädigung entspricht dem Verhalten des Höhenzuwachses auf schlechten Böden.

Der Durchmesserzuwachs auf geringen Böden verhält sich also nach den bisherigen Untersuchungen ganz ähnlich wie der Höhenzuwachs, auch er kann nach einer Zuwachsschädigung auf sehr lange Zeit auf minimale Werte sinken. Während dieser Stockungsjahre reagieren die Kiefern auch nicht auf regen= reiche, zuwachsgünstige Jahre, die Kiefern auf besseren Standorten gut aus= nutzen können.

2. Der Zuwachsgang auf besseren Böden.

Durch Bohrspanuntersuchungen der Preußischen Forstlichen Versuchs= anstalt ergab sich die Gelegenheit, den Zuwachsgang von Einzelstämmen im Forstamt Annaburg (Abb. 22) näher zu verfolgen.

Der Durchmesserzuwachs wurde als Kreisflächenzuwachs [8] in zwei= jährigen Perioden als Durchschnittszuwachs von je 2 Bestandspaaren gra=

---

[8] Der Kreisflächenzuwachs bleibt im allgemeinen bis ins Alter auf gleicher Höhe, die Schwankungen sind dadurch leichter meßbar und geben die Leistung des Bestandes besser wieder.

phisch dargestellt. In den 3 Bestandspaaren läuft der Zuwachs fast gleich; der Zuwachs der Stämme aus den Jagen 134/135 (89jährig) liegt dem geringeren Alter entsprechend etwas über dem der beiden älteren Bestandespaare (105- und 110jährig).

Es sind deutlich 2 Perioden geringen Zuwachses zu erkennen; die erste in den Jahren 1889/90 bis 1895/96, die zweite von 1904/05 bis 1919/20. Vor diesen Zuwachsstockungen liegt noch eine Periode etwas geringeren Zuwachses in den Jahren 1876 bis 1882; der Zuwachs bleibt aber in dieser Zeit auf etwa normaler Höhe, eine eigentliche Zuwachsstockung trat nicht ein. Ein Vergleich des Zuwachsgangs mit dem Diagramm der Sommerdürren in der benachbarten Station Torgau (Abb. 2, S. 375) zeigt, daß sich hier das im Diagramm deutlich mit 8 Dürregraden hervortretende Trockenjahr 1876 auswirkt. Die untersuchten Kiefernbestände waren um diese Zeit 39 bis 60 Jahre alt; der Zuwachs der beiden älteren Bestandespaare sinkt stärker als der der beiden jüngeren Bestände. Das Trockenjahr 1888 läßt dann den Zuwachs aller 6 Bestände bis zum Jahre 1895/96 stark sinken, es tritt die erste Zuwachsstockung ein.

Das Klima dieses Gebietes ist 1923 von Wiedemann (30) eingehend untersucht worden. Er zeigte, daß die Zeit um 1892/95 sehr trocken war, naß dagegen die Zeit um 1900; diese Periode wurde wieder durch eine Trockenperiode von 1903—1909 abgelöst; dann folgten die sehr trockenen Jahre 1911—1921. Im einzelnen ist folgendes festzustellen: Augenscheinlich wirken sich auch hier wieder, ähnlich wie in Eberswalde, abnorm hohe Frühjahrsniederschläge günstig aus, fielen doch im Mai 1899 145 mm. Auf die günstige Wirkung von hohen Frühjahrsniederschlägen mit entsprechender Wärme weist ja auch zuletzt Schubert (22) hin. In der bekannten Dürreperiode 1903/04 sinkt der Zuwachs wieder stark. Bei der Betrachtung der Einzelkurven ergab sich, daß 3 von 6 Beständen sich nach 1903/04 wieder erholten, um in den Jahren 1907/08 dann ebenso wie die anderen stark im Trockenjahr 1911 getroffen zu werden. Diese Zuwachssteigerung ist aber so gering, daß sie im Durchschnitt überhaupt verschwindet. Diese Stockung dauerte bis 1919/20. Nach dem Diagramm der Dürrejahre kamen in Torgau in dieser Zeit besonders starke Dürren vor, die sich nach 1911 besonders häuften. Mit dem sehr starken Dürrejahr 1919 hören diese Dürren plötzlich auf; während in Torgau im April im 40jährigen Mittel nur 38,8 mm Regen fallen, hat der April 1920 104 mm Niederschlag, und wenn dieses Jahr auch keinen besonders hohen Jahresniederschlag hat, so wirkt sich dieser hohe Frühjahrsniederschlag doch offenbar sehr günstig auf den Zuwachs aus.

In den Jahren nach 1921/22 setzt eine Periode gesteigerten Zuwachses ein, in der Werte erreicht und überschritten werden, die teilweise doppelt so hoch sind wie in den Jahren um 1870, obwohl damals die jetzt etwa

100jährigen Bestände etwa 50 Jahre alt waren, also sich im wuchskräftigsten
Alter befanden.

3. Die Beziehungen von Durchmesserzuwachs und Höhenzuwachs.

Ebenso wie bei dem Höhenzuwachs finden sich auch bei dem Durchmesser=
zuwachs langperiodische Schwankungen, die ebenfalls zum großen Teil mit
Trockenperioden zusammenhängen; Durchmesserzuwachs und Höhenzuwachs
haben also einen sehr ähnlichen Verlauf. Schon aus dem ähnlichen Verhalten

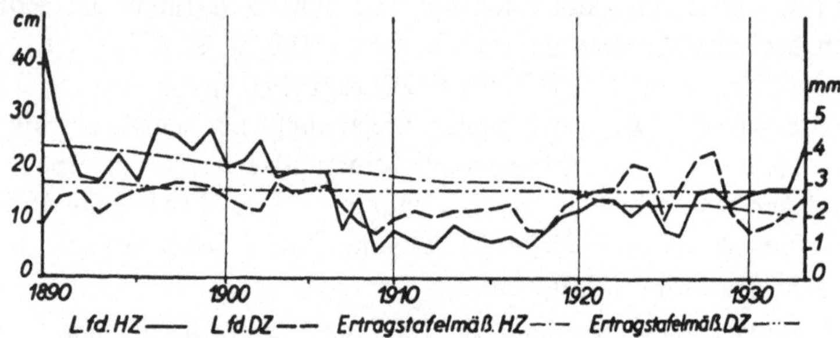

Abb. 23. Vergleich des Verlaufs des jährlichen Höhenzuwachses mit
dem entsprechenden Durchmesserzuwachs bei fünf Kiefern in Chorin,
Jagen 76. Die beiden Kurven laufen bis auf wenige Abweichungen
gleichsinnig, da der Höhenzuwachs aber im Alter schneller sinkt,
überschneiden sich die beiden Kurven wie die ertragstafelmäßigen
Kurven.

der Höhenzuwachskurven von Hundeluft und der Durchmesserzuwachskurven
aus dem in der Nähe liegenden Krakau können auch gewisse Beziehungen
herausgelesen werden, die durch den Zuwachsgang in Peitz und Annaburg
bestätigt werden. Doch nur ein unmittelbarer Vergleich zwischen Höhen=
und Durchmesserzuwachs desselben Stammes kann über das gegenseitige
Verhältnis beweiskräftige Auskunft geben.

Einige vorläufige Messungen dieser Art wurden an den Stämmen im
Choriner Jagen 76 ausgeführt; da diese Untersuchungen ursprünglich nur
am Rande der gestellten Aufgabe lagen, ist die Frage noch nicht an einem
größeren Material weiter verfolgt worden.

In Abb. 23 ist der durchschnittliche laufende jährliche Durchmesserzu=
wachs der 5 Stämme und der zugehörige Höhenzuwachs wiedergegeben. Von
1892 bis zum Untersuchungsjahr 1933 laufen die beiden Kurven bis auf
geringe Abweichungen gleichsinnig; da der Höhenzuwachs im Alter aber
schneller sinkt als der Durchmesserzuwachs, überschneiden sich die beiden
Kurven ebenso wie die Kurven der Ertragstafel. Bei beiden ist der Zuwachs
bis 1906 etwa normal, um dann abzusinken. Nach 1918 steigt der Zuwachs
langsam, um 1921 bei Durchmesser= wie Höhenzuwachs etwa normal zu

werden. Als schmaler Einschnitt markiert sich für 1925 der Eulenfraß des Jahres 1924. Dieser Schaden ist aber bald überwunden.

Die Trockenjahre um 1892, in Eberswalde vor allem das Jahr 1893, haben sich auf den Höhenzuwachs deutlich ausgewirkt, auf den Durchmesser=zuwachs nur sehr gering. Da später die beiden Kurven gleichsinnig ver=laufen, gilt im ganzen aber für die Wirkung des Klimas auf den Durch=messerzuwachs dasselbe, was schon über den Höhenzuwachs der untersuchten Choriner Kiefern gesagt wurde.

Das Absinken des Zuwachses im nassen Jahr 1906 ist nur eine Folge der Durch=schnittsbildung und zeigt die Fehlermöglichkeiten bei der Betrachtung errechneter Durch=schnittszahlen sehr deutlich. Von den fünf Stämmen der Durchschnittskurve sank der Zuwachs plötzlich bei zwei Stämmen nach dem Trockenjahr 1908, bei einem nach 1905, also infolge des Jahres 1904, und bei einem schon 1902, nur bei einem nach dem Jahre 1906. Dadurch, daß bei einem Teil der Stämme der Zuwachs nach 1904 noch bis 1908 normal bleibt, sinkt der Zuwachs bei der Durchschnittskurve erst im Jahre 1906, in einem Jahr, in dem tatsächlich nur ein Stamm von den fünf untersuchten stockt. Während die anderen Stämme die Beziehung des Zuwachses zum Klima gut zeigen und nur der eine Stamm eine Ausnahme von der Regel bildet, wird diese Ausnahme durch die Durchschnittsbildung zufällig gerade besonders betont.

Bei allen Stämmen setzt im Gegensatz zum Rückgang die Erholung schlagartig ein. Von den 5 Stämmen erholt sich wie geschildert der Höhen=zuwachs bei 2 Stämmen 1919, bei 2 Stämmen 1920 und bei einem erst 1921. Der Durchmesserzuwachs verhält sich ähnlich, nur der Stamm, bei dem sich auch der Höhenzuwachs erst spät erholte, weicht ab. Er erholt sich wie mit seinem Höhenzuwachs nur sehr wenig und spät im Jahre 1924.

Nach diesen Messungen in Eberswalde, Bärenthoren, Peitz und Anna=burg verhält sich der Durchmesserzuwachs gegenüber Klimaschwankungen grundsätzlich ähnlich wie der Höhenzuwachs. Ebenso wie der Höhenzuwachs rea=giert der Durchmesserzuwachs in der Jugend weniger stark auf Dürreperioden oder =jahre, während in höherem Alter leicht empfindliche. Stockungen ein=setzen.

4. Überschneidung von Klimawirkungen und waldbaulichen Maßnahmen.

Die in dem Abschnitt über den Durchmesserzuwachs auf schlechten Böden besprochenen Zuwachsmessungen in Krakau wurden an der Südgrenze Bären=thorens, an der die Stadtforst Krakau liegt, gemacht. Diese Jagen waren von Wiedemann zum Vergleich des Zuwachses in Beständen mit dichtem Schluß und gleichzeitiger Streunutzung mit dem Zuwachs bei lockerem Schluß ohne Streunutzung herangezogen worden. Von den bei dem Ver=gleich berücksichtigten Beständen sind nach den Untersuchungen Gaußens (10) die Böden in den Bärenthorener Jagen 2 und 6 und Krakau Jagen 30 und 35 so gut wie gleich. Ein Vergleich des Zuwachsgangs in Krakau mit dem Zuwachs= gang in Bärenthoren muß also zeigen können, wie die Wirkungen der Witterung durch waldbauliche Maßnah= men beeinflußt werden. Leider reichen die Messungen nur bis in den Anfang des Jahr= zehnts 1880/90 hinein und erfassen so nur noch gerade den Anfang der Dauerwald= wirtschaft im Jahre 1884. Abb. 24 zeigt in den beiden oberen Teilen I und II den Zuwachsgang der mit Krakau vergleichbaren Jagen 2 und 6. Hiernach sind in Bärenthoren die Zuwachsschwankungen sehr viel größer als in Krakau; besonders auffallend ist, daß auch nach der schweren Stockung in den Jahren nach 1900 in Bärenthoren hohe Zuwachswerte erreicht wer= den.

Im einzelnen zeigt sich folgendes Bild: In Bären= thoren tritt ebenso wie in Kra= kau der Einfluß des Dürre= jahres 1888 deutlich hervor. Nach der Zuwachssteigerung in den neunziger Jahren sinkt der Zuwachs ebenso wie in Krakau im Jahre 1902. Wäh= rend sich aber die Krakauer Bestände von dieser Schä= digung bis 1925 nicht wieder erholen konnten, traten in Bärenthoren schon vorher nach

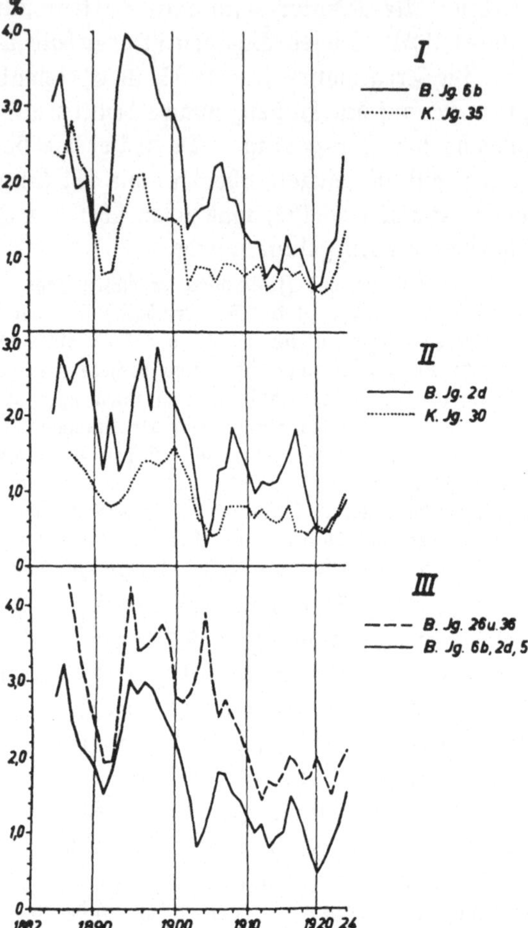

Abb. 24. Vergleich des Verlaufs des Durchmesser= zuwachses in Prozenten in B ä r e n t h o r e n (B. Jg. 6 b, B. Jg. 2 d, B. Jg. 26 u. 36 und B. Jg. 6 b, 2 d, 5) und K r a k a u (K. Jg. 35, K. Jg. 30). Abschnitt I u. II zeigt den Zuwachs in gewöhnlichen Bärenthorener und Krakauer Be= ständen. Abschnitt III vergleicht den Zuwachs von stark gelichteten Ackerföhren mit dem Zuwachs in diesen gewöhnlichen Beständen. In Bärenthoren traten die Zuwachsstockungen nach denselben Jahren wie in Krakau ein. In günstigen Jahren ist aber der Zuwachs in Bärenthoren sehr viel höher, in ungünstigen Jahren sinkt der Zuwachs auf ein gemeinsames Minimum.

günstigen Jahren Zuwachssteigerungen ein. Von 1905 an bleibt im Krakauer Jagen 30 die Kurve unter 1,0 %, während sie in Bärenthoren im Jagen 2 in den 19 Jahren von 1905 bis 1925 noch 12mal über 1,0% liegt.

Die Gegenüberstellung der Analysen aus Bärenthoren Jagen 6 b und Krakau Jagen 35 gibt ein ganz ähnliches Bild. Die erste kürzere Zuwachsstockung beginnt im Jahre 1888, und auch hier erholen sich die Bärenthorener Stämme sehr gut. Nur einmal, und zwar im letzten Untersuchungsjahr, überschreitet seit 1902 der Zuwachs in Krakau 1,0%, während er in Bärenthoren 18mal darüber liegt und bis auf 2,27% steigt.

Die Kurven unterscheiden sich vor allem dadurch, daß die Maxima in Bärenthoren sehr viel höher als in Krakau liegen, während die Minima etwa gleich sind.

In Bärenthoren wurde besonders im Anfang der Pflegewirtschaft der Zuwachs in den guten Jahren sehr gesteigert. Die erstarkten Kronen und Wurzeln konnten in den Jahren 1894/1897 im Vergleich zu Krakau das günstige nasse Wetter besonders gut ausnutzen; auch als nach 1899 der Zuwachs zurückging, hielt er sich bis zum Jahre 1904 immer noch über dem der Krakauer Stämme.

In Krakau wird also in den nassen Jahren auch von den herrschenden Stämmen der vermehrte Niederschlag nicht voll ausgenutzt, während in Bärenthoren jetzt starke Jahrringe angelegt werden. Diese Untersuchungen des Zuwachses der einzelnen Jahre bestätigen das Ergebnis, das Wiedemann (31) 1924 auf Grund langperiodischer Messungen fand.

1924 waren auch stark gelichtete Ackerföhrenbestände in Bärenthoren untersucht worden. Diese Ackeraufforstungen sind schon im Alter von 20 bis 30 Jahren um 1885 stark gelichtet worden, so daß 1924 weniger als 100 Stämme auf dem Hektar standen. Von den normalen Bärenthorener Beständen unterscheiden sie sich durch die besonders frühe und starke Lichtung.

Durch diese Betrachtung sollten die beiden hauptsächlichsten Faktoren der Bärenthorener Wirtschaft, Bodenpflege und starke Stammzahlverminderung, voneinander in ihrer Wirkung getrennt werden.

Die Zuwachskurve dieser stark umlichteten Kiefer ist im unteren Teil der Abb. 24 wiedergegeben (B. Jg. 26 u. 36). Zum Vergleich ist der Zuwachs gewöhnlicher Bärenthorener Bestände eingezeichnet. Der Vergleich zeigt für den Einzelstamm in diesen Ackeraufforstungsflächen ein noch höheres Zuwachsprozent als in den eben besprochenen Bärenthorener Jagen. Der Zuwachs der alten Feldflächen liegt schon 1884 weit über dem der normalen Bärenthorener Jagen und dem der Krakauer Bestände. Er sinkt dann 1888 bis 1892 fast auf die Höhe dieser Bärenthorener Bestände, erholt sich aber noch stärker. Um 1900 setzt ein leichtes Absinken ein, absolut bleibt das Zuwachsprozent aber immer noch hoch.

Dieses Absinken entspricht dem oben erwähnten Zuwachsrückgang des Jagens 2 d nach dem Jahr 1899 und dem wahrscheinlich auf Spannerfraß zurückzuführenden Zuwachsgang im Jagen 6 b im Jahre 1902. In den Ackerföhrenbeständen erholen sich die Stämme von dem hier sehr geringen Zuwachsrückgang sehr schnell. Infolge des Trockenjahres 1904 sinkt dann auch hier der Zuwachs stark, aber allmählich, um im Jahr 1912 infolge des Trockenjahres 1911 ein vorläufiges Minimum zu erreichen. In großen Zügen zeigen der früh gelichtete Ackerföhrenbestand wie der gepflegte Durchforstungsbestand dieselben charakteristischen Unterschiede gegenüber dem nichtdurchforsteten und streugerechten Krakauer Bestand im Reagieren auf die Trockenperioden. Die Untersuchungen zeigen also, daß durch waldbauliche Maßnahmen der Einfluß von Klimaschwankungen nicht ausgeschaltet werden kann, daß aber durch waldbauliche Pflege der durchschnittliche Zuwachs gehoben wird. Dieser Vorsprung wird vor allem in günstigen Jahren erreicht.

Diese zunächst für wenige Stämme festgestellten Ergebnisse werden durch das große Material der von Weck vermessenen und von Wiedemann (32) veröffentlichten Bohrspanuntersuchungen allgemein für das Gebiet bestätigt. Wenn auch durch die 10jährigen Zuwachsperioden die Einzelheiten verwischt sind, so zeigen die Kurven doch denselben Verlauf.

c) Ergänzende Untersuchungen an verfügbarem Material mit längeren Meßperioden.

1. Der Bestandeszuwachs.

Wenn auch Durchmesserzuwachsmessungen am Einzelstamm schon sehr viel sicherer sind als Höhenzuwachsmessungen, so stören doch am Zuwachs des Einzelstammes viele Zufälligkeiten, die erst bei der Verarbeitung statistischen Materials ausgeschieden werden können. Dieses Material bieten die Ergebnisse der Kieferndurchforstungsflächen der Versuchsanstalt für Waldwirtschaft. Andererseits sind die Ergebnisse der Flächen ökologisch nur schwer auswertbar, weil die Aufnahmeperioden von durchschnittlich 4—6 Jahren für diese Fragen zu lang sind und vor allem durch die Messung mit Rinde Fehlermöglichkeiten entstehen. Bei diesen Untersuchungen kann man also keine unmittelbare Bestätigung der obigen Feststellungen erwarten; es soll hier deshalb nur untersucht werden, ob die Ergebnisse der Versuchsflächen in derselben Richtung liegen. Die obigen Betrachtungen über den Einfluß verschiedener Durchforstung auf den Zuwachsgang des Einzelstammes lassen sich nicht ohne weiteres auf den Zuwachs je Hektar übertragen, weil die geringere Stammzahl der stark durchforsteten Bestände den vermehrten Zuwachs des Einzelstammes wieder aufhebt.

Abb. 25 stellt den Verlauf des Kreisflächenzuwachses der Durchforstungsflächen in Eberswalde, Jagen 16, dar.

Im allgemeinen Verlauf der Kurven sinkt der Zuwachs infolge der Dürren von 1892 bis zum Aufnahmejahr 1896. Bei der starken Durchforstung sinkt er am stärksten, während er bei den Lichtungsflächen etwa gleich bleibt oder bei der schwächeren Lichtung nur wenig sinkt. Anscheinend ist auf den Lichtungsflächen die Verschlechterung der klimatischen Bedingungen durch den Reiz der stärkeren Umlichtung ausgeglichen. Bis zum Jahre 1902

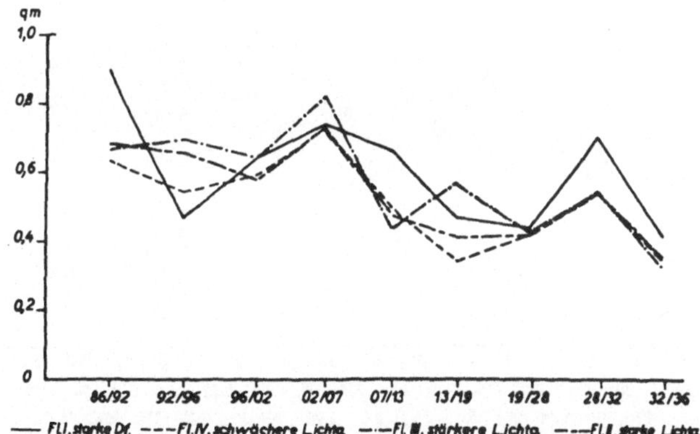

Abb. 25. Jährlicher Kreisflächenzuwachs der Durchforstungsversuchsflächen in Eberswalde, Jagen 16. Trotz der verschiedenen Behandlung laufen die Kurven zusammen. Die großen Schwankungen sind durch Dürreperioden hervorgerufen.

bleibt in den Lichtungsflächen der Zuwachs etwa gleich, während die Fläche mit starker Durchforstung den Zuwachsverlust von 1892 wieder einholt. Bei allen Flächen erreicht der Zuwachs in der Periode von 1902 bis 1907 eine große Höhe, sinkt dann infolge der Trockenjahre 1908/1911 stark ab, um in der Zeit von 1928 bis 1932 stark wieder zu steigen. Infolge der Trockenheit der letzten Jahre sinkt der Zuwachs wieder in der Aufnahmeperiode 1932/36. Im ganzen verlaufen die Kurven erstaunlich gleichsinnig. Die Schwankungen, die durch das Klima verursacht werden, sind viel größer als die Zuwachsunterschiede der verschieden behandelten Flächen, wie dies schon Wiedemann an verschiedenen Stellen hervorhebt.

Da sich bei allen anderen Durchforstungsflächen ebenfalls zeigte, daß die Zuwachsunterschiede auf den verschieden behandelten Flächen völlig gegenüber den periodischen Schwankungen verschwinden, wurde bei der Aufstellung der Abb. 26 der Zuwachs der Vergleichsflächen zusammengefaßt. Die Abbildung enthält die Zuwachswerte von 28 Einzelflächen auf 13 Vergleichsflächen in 7 Forstämtern, die von Fäßer (8) auf meine

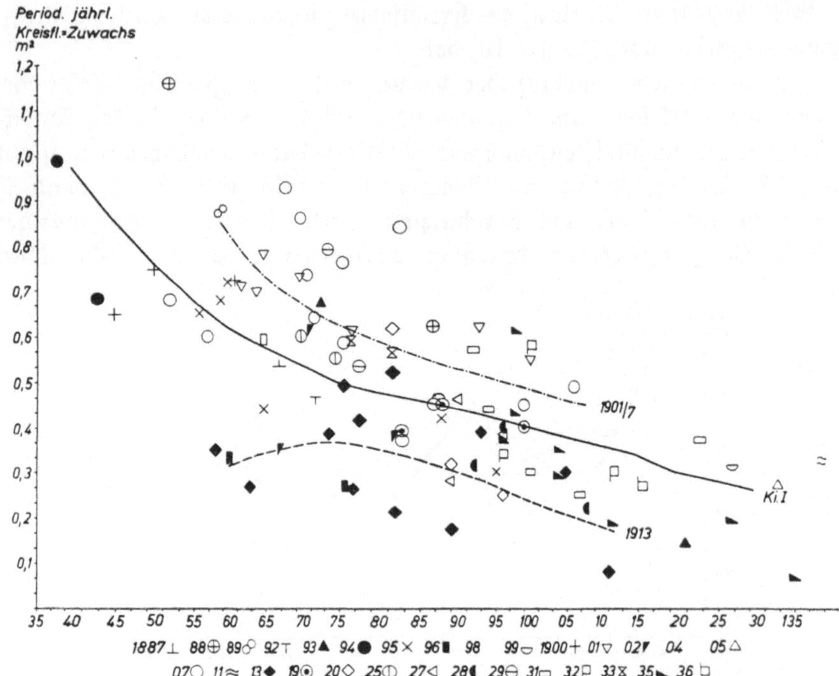

Abb. 26.   Der Kreisflächenzuwachs auf Kieferndurchforstungsflächen nach Lebensjahren geordnet.   Die Werte sind am Schluß der Aufnahmeperiode eingetragen.
Die Aufnahmejahre sind durch verschiedene Signaturen gekennzeichnet. Aufnahmeperioden mit meist geringem Zuwachs sind schwarz gezeichnet, die übrigen Werte
erscheinen hell.   Der mittlere Zuwachs in den verschiedenen Lebensaltern in einer
Periode besonders geringen Zuwachses (1913) ist gestrichelt, für Perioden mit besonders hohem Zuwachs strichpunktiert (1901/07).

Veranlassung hin zusammengestellt wurden. Die Werte sind am Schluß der
Aufnahmeperiode eingetragen.   Die Aufnahmejahre sind durch verschiedene
Signaturen gekennzeichnet und dem Lebensalter der Versuchsfläche ent-
sprechend angeordnet.   Dabei wurden Aufnahmeperioden, die meist geringen
Zuwachs zeigten, schwarz gezeichnet, während die übrigen Perioden hell erscheinen.   Den Vergleich ermöglicht die Kurve des ertragstafelmäßigen
laufenden jährlichen Kreisflächenzuwachses I. Bonität nach Schwappach.
Die weite Streuung zeigt, wie stark die wirklichen Zuwachswerte von den
Ertragstafelwerten abweichen, andererseits gibt die von Schwappach
1908 konstruierte Kurve schon überraschend richtig den Durchschnitt an.
      Nimmt man an, daß eine Schwankung von 0,1 qm über oder unter dem
ertragstafelmäßigen Kreisflächenzuwachs innerhalb des normalen liegt, so
fallen 24 Werte mit abnorm hohem Zuwachs und 23 Werte mit abnorm
niedrigem Zuwachs außerhalb dieser Grenzen.   Als Periode mit abnorm
niedrigem Zuwachs fällt sofort die Aufnahmeperiode 1907—1913 auf, in

der der Zuwachs offenbar infolge der trockenen Jahre 1908 und 1911 die niedrigsten Werte erreicht. Perioden mit durchschnittlich hohem Zuwachs sind vor allem die Perioden vor der Aufnahme in den Jahren 1901 und 1907.

Während die Werte von den Aufnahmen im Jahre 1901 alle über der normalen Schwankungsgrenze liegen, liegen von den 12 Aufnahmen des Jahres 1907 nur 5 und von den 12 Aufnahmen des Jahres 1913 7 außerhalb der normalen Schwankungsgrenzen. Die Werte des Aufnahmejahres 1913 (gestrichelte Linie) zeigen, daß schon im Alter von etwa 60 Jahren der Zuwachs infolge eines Trockenjahres oder einer anderen Schädigung auf die Höhe des normalen Zuwachses mit 130 Jahren fallen kann. Ebenso wie bei den Untersuchungen am Einzelstamm zeigt sich auch, daß anscheinend ein gewisses Minimum nicht unterschritten wird; dadurch erklärt sich der verhältnismäßig gestreckte Verlauf der Kurve. Der Gipfel in der Mitte der Kurve von 1913 ist wahrscheinlich durch die verhältnismäßig geringe Zahl der Werte zufällig verursacht. Die Kurve der Aufnahmejahre mit hohem Zuwachs 1901/07 (strichpunktiert) fällt nach einem Maximum in der Jugend steil ab. In dieser Zeit sind also die größten Zuwachssteigerungen möglich, in höherem Alter liegt der Zuwachs auch in günstigen Jahren nur wenig über dem normalen. Es zeigt sich also ebenso wie bei den Einzelstammuntersuchungen ein Nachlassen der Schwankungshöhe des laufenden Zuwachses mit dem Alter.

2. Der Zuwachs des Einzelstammes.

In Krakau und Bärenthoren erfolgte der vermehrte Zuwachs umlichteter Einzelstämme besonders in zuwachsgünstigen Jahren. Durch die Numerierung der Einzelstämme in den Versuchsflächen ist es möglich, den Zuwachs einer fast unbegrenzten Zahl von solchen Stämmen zu verfolgen. Es soll hier ergänzend nachgeprüft werden, ob die in Bärenthoren und Krakau gemachte Beobachtung durch die Ergebnisse der Versuchsflächen bestätigt wird. Abb. 27 zeigt den Zuwachs von Stämmen mit gleichem Anfangsdurchmesser bei verschiedener Durchforstung in der Versuchsfläche in Eberswalde, Jagen 16. Der Zuwachs je Hektar dieses Bestandes ist in Abb. 25 dargestellt. Aus dem Verlauf der Kurven geht hervor, daß der Zuwachs der stärker umlichteten Stämme in zuwachsgünstigen Perioden sehr viel höher ist als der der schwächer umlichteten. In Perioden allgemein geringen Zuwachses sinkt dagegen der Zuwachs der verschieden stark umlichteten Kiefern auf ein gemeinsames Minimum. Deutlich ist im Zuwachsgang der plötzliche Zuwachsrückgang in der Periode 1907/13 infolge der Dürrejahre 1908 und 1911 zu erkennen. Nach 1928 steigt der Zuwachs stark. Die schwächeren Stämme mit Anfangsdurchmesser 20 cm sind in dieser Periode schon ausgeschieden, ihr geringer Zuwachs in der Periode

1919/28 zeigt schon deutlich, daß sie in den Nebenbestand gedrängt worden
waren.

   Durch diese Ergebnisse werden also die Messungen in Bärenthoren-
Krakau für das Jagen 16 in Eberswalde durchaus bestätigt. Es soll nun
untersucht werden, wie sich die Stämme in anderen Durchforstungsversuchs-

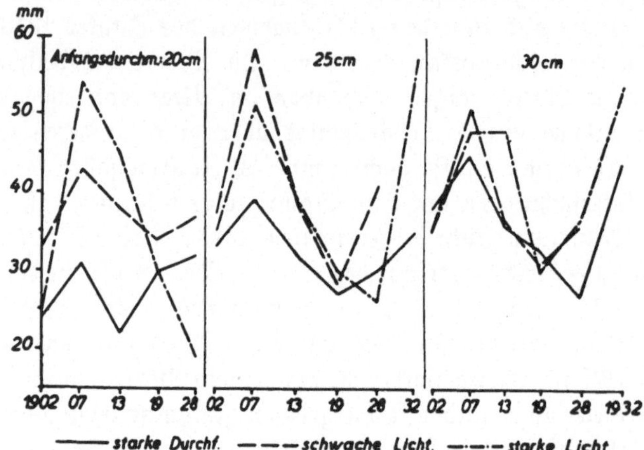

Abb. 27. Durchmesserzuwachs von Stämmen mit gleichem
Anfangsdurchmesser bei verschiedenen Durchforstungsgraden
(Eberswalde, Jagen 16). Der höhere Zuwachs stärker um-
lichteter Stämme erfolgt in den zuwachsgünstigen Perioden.
In Zeiten mit geringem Zuwachs sinkt er auf ein gemein-
sames Minimum.

flächen verhalten. Hierzu wurde der Zuwachsgang von Stämmen mit
gleichem Anfangsdurchmesser auf den Durchforstungsflächen nach ihrem Verhalten zusammengestellt.

   Im Zuwachsgang verschieden umlichteter Einzelstämme bestehen theo-
retisch verschiedene Möglichkeiten. Entweder verhalten sich die Stämme
grundsätzlich ähnlich, der Zuwachs verläuft also mehr oder weniger parallel;
oder die Stämme haben ein grundsätzlich verschiedenes Verhalten; hierbei
gibt es zwei Möglichkeiten: entweder ist der Zuwachs umlichteter Stämme
in günstigen Zeiten höher oder er ist in ungünstigen höher. Es ist nun das
Verhalten von Stämmen mit gleichem Anfangsdurchmesser in 7 Versuchsflächen in 5 Forstämtern untersucht worden. Es zeigt sich, daß nur in
Namslau der Zuwachs bei den verschieden stark umlichteten Kiefern in allen
Perioden etwa gleich hoch war, sonst war der Zuwachs in allen anderen
Flächen und in Namslau außerdem bei den stärkeren Stämmen bei
den stärker umlichteten Kiefern höher als bei den schwächer umlichteten.
In Panten verläuft der Zuwachs bei stärkerer Durchforstung bei den
schwachen Durchmesserklassen gleichsinnig, bei den höheren Durchmesserklassen

ist er in günstigen Jahren höher, während er in ungünstigen Perioden gleich niedrig ist. Dieser Typ des Zuwachsganges kommt außer in Eberswalde dann noch in Neiße vor. In Falkenberg zeigt sich in der einen Versuchs=fläche kein einheitliches Verhalten, auf der anderen Versuchsfläche ist der Zuwachs der umlichteten Stämme in ungünstigen Jahren höher als bei den weniger umlichteten. Dagegen ist der Zuwachs in günstigen Jahren etwa gleich hoch. Das in Bärenthoren gefundene Ergebnis wird also nicht allgemein bestätigt. Wenn auch in der Mehrzahl der Fälle der erhöhte Zuwachs stärker umlichteter Stämme in zuwachsgünstigen Jahren erfolgt, so kommen doch viele Abweichungen vor. Worauf dies in den einzelnen Fällen zurückzuführen ist, kann hier nicht näher unter=sucht werden.

VI. Zusammenfassung.

1. Mit Hilfe der Kronenanalyse wird die Entwicklung der Kiefernkrone auf verschiedenen Standorten und im verschiedenen Alter verfolgt.

2. Die Kronenabwölbung der Kiefer hängt eng mit Schwankungen des Höhenzuwachses zusammen. Die kurzperiodischen Schwankungen des Zuwachses beeinflussen die Gestalt der Krone nicht; dagegen haben die langperiodischen Schwankungen große Bedeutung.

3. Der Längenzuwachs der Äste in jungen Kronenteilen beträgt durch=schnittlich etwa 60—70 % des Zuwachses der Hauptachse. Bei starkem Höhenzuwachs geht der Längenzuwachs der Äste nach einigen Jahren schnell zurück. Die Krone erhält dadurch eine spitze, regelmäßige Form.

4. Dagegen ist der Zuwachs der Äste in Zeiten von Zuwachsstockungen im Verhältnis zum Zuwachs der Hauptachse groß und bleibt es auch so lange, wie der Höhenzuwachs der Hauptachse stockt. Die Krone wölbt sich dadurch ab.

5. Während der Zuwachsstockung stirbt der Mitteltrieb leicht ab und wird dann zunächst nicht durch einen Ast ersetzt.

6. Bei einer starken Erholung des Höhenzuwachses kann auf die abge=wölbte Krone eine neue Spitze gesetzt werden, die entweder vom alten Mitteltrieb oder einem früheren Seitenast gebildet wird. Die alten Hauptäste geraten dadurch in den Schatten der neuen Krone und sterben dann ab.

7. Ist die Erholung nicht so stark, so wird keine neue Hauptachse gebildet. Es wachsen dann die in und kurz vor der Wuchsstockung gebildeten Äste weiter und die Krone bildet die bekannte Kuppel mit mehreren gleich=wertigen Ästen.

8. Im Zuwachsgang der Kiefer ist zwischen kurzperiodischen und lang=
periodischen Zuwachsschwankungen zu unterscheiden. So lange wie die
Zuwachsschwankungen sich von Jahr zu Jahr ausgleichen, haben sie für
die Form von Krone und Stamm keine Bedeutung. Dagegen haben
die durch eine pathologische Schädigung hervorgerufenen langperiodi=
schen Zuwachsstockungen großen Einfluß auf die Kronenform.

9. Die langperiodischen Zuwachsstockungen werden vor allem durch lange
nachwirkende Sommerdürren verursacht. Daneben spielen noch Schä=
den durch Insekten und Pilze und andere nicht erfaßte Ursachen eine
Rolle. Der Anteil dieser Faktoren an der Zuwachsschädigung läßt sich
oft schlecht trennen; denn oft häufen sich gerade in trockenen Jahren
auch die übrigen Schäden.

10. Der Einfluß der Dürren ist am stärksten auf trockenen Böden und in
Gebieten besonders starker Dürregrade. Der grundsätzliche Unterschied
der einzelnen Wuchsgebiete wird in dieser Hinsicht nachgewiesen.

11. Je stärker die vorkommenden Dürren sind und je trockener der Boden
ist, um so schärfer und in desto geringerer Höhe tritt die Zuwachs=
stockung mit der nachfolgenden Kronenabwölbung ein.

12. Auf den geringsten Böden setzt die schwere Wuchsstockung schon ein,
wenn der Bestand eine Höhe von nur wenigen Metern erreicht hat. Die
Krone wölbt sich endgültig ab, es entstehen dadurch Krüppelbestände.
Falls nicht eine Standortsverbesserung eintritt, wie sie nach Streu=
schonung beobachtet wurde, können die Kiefern sich auf diesen ärmsten
Böden nicht erholen.

13. Auf den besseren Böden werden die ersten Zuwachsstockungen über=
wunden. Die „kritische Höhe“, in der die endgültige Kronenabwölbung
und Kronenauflösung eintritt, liegt wesentlich höher und steigt mit der
Güte des Bodens und der Dürrearmut des Klimas.

14. Der Durchmesserzuwachs verhält sich ähnlich wie der Höhenzuwachs.
Durch Messungen des Zuwachses der einzelnen Jahre werden die für
den Höhenzuwachs geltenden Ergebnisse bestätigt.

15. Der höhere Zuwachs stärker umlichteter Stämme erfolgt vor allem in
den zuwachsgünstigen Jahren. In Stockungsperioden ist der Zuwachs
der Einzelstämme in stark und wenig durchforsteten Beständen etwa
gleich niedrig. Dies Verhältnis trifft aber nicht überall zu.

16. Der Zuwachs je Hektar zeigt ebenfalls starke periodische Schwankungen,
die vor allem durch Klimaschwankungen bedingt sind. Genaue Be=
ziehungen von Perioden geringen Zuwachses zu einzelnen Dürrejahren
lassen sich aber auf Grund des vorhandenen Materials nicht aufstellen,
weil die Aufnahmeperioden der Versuchsflächen für diese Fragen zu
lang sind.

VII. Ausblick auf die Kronenentwicklung in den einzelnen Wuchsgebieten.

Meine Untersuchungen über die Kronenauflösung und -abwölbung der Kiefer sind auf das aride Gebiet Nordostdeutschlands beschränkt, in dem häufig Sommerdürren auftreten. Es wurde gezeigt, daß die Kronenauflösung und -abwölbung mit Zuwachsschwankungen zusammenhängen, die in erster Linie durch Trockenjahre, aber außerdem durch andere Schäden verursacht wurden. Die stärkste Wirkung der Sommerdürren war im Untersuchungsgebiet auf solchen Standorten zu finden, wo besonders starke Dürren mit einem besonders ungünstigen Wasserhaushalt des Bodens zusammentreffen. Es ergaben sich bei diesen Untersuchungen Beziehungen dieser Zuwachsschwankungen und Kronenabwölbung zu Baumhöhe, Alter und Standortsgüte. Je ungünstiger das Klima und der Boden ist, in desto geringerer Höhe stockt die Kiefer im Höhenzuwachs und wölbt ihre Krone ab. Je besser der Standort ist, desto größer wird die kritische Baumhöhe, bis zu der Zuwachsstockungen überwunden werden können. Wenn der Höhenzuwachs stockt, geht gleichzeitig die Fähigkeit verloren, den Mitteltrieb zu ersetzen. Deshalb löst sich in einer gewissen Höhe nach einer Zuwachsstockung meist die Krone auf.

Schon in der Mark findet man zuweilen auf besseren Standorten Kiefern, deren Krone auch im höheren Alter spitz ist. In Abb. 7, Seite 384, ist die Analyse einer solchen Krone von einem 111jährigen Stamm aus einem Bestand II. Bonität wiedergegeben. Je kühler und feuchter das Klima wird, um so häufiger werden diese Formen. In Skandinavien ist die spitzkronige Kiefer vorherrschend. Ebenso finden wir spitzkronige Kiefern mit durchlaufendem Schaft in den deutschen Mittelgebirgen und Ostpreußen, spitzere Kronenformen der Kiefer kommen auch in Nordwestdeutschland in einigen Gebieten vor. Allerdings werden die Kronen hier offenbar durch die starken Westwinde deformiert, wenn sie eine größere Höhe erreicht haben.

Alle diese Standorte haben ein feuchteres Klima als das nordostdeutsche Kieferngebiet. Schon Münch (18) weist darauf hin, daß die Fichte in allen diesen Gebieten ohne Kronenabwölbung gedeiht; dies zeigt, daß der Wasserfaktor in diesen Gebieten für die Kiefer nur selten oder gar nicht als begrenzender Wachstumsfaktor auftritt.

Die spitzenkronigen Kiefern kommen also vor allem in Gebieten vor, in denen die Kiefer nicht so durch Sommerdürren gefährdet ist wie im ostdeutschen Kieferngebiet. Oben wurde gezeigt, daß die Kronenabwölbung und Kronenauflösung in diesem Kieferngebiet weitgehend durch Trockenperioden verursacht wird. Die spitze Kronenform der Kiefer scheint also teilweise durch das Fehlen stärkerer Sommerdürren bedingt zu sein.

Durch diese Hypothese soll die Bedeutung der erblichen Anlagen für die Kronenform der Kiefer nicht berührt werden. Wie stark die Kronenform der Kiefer durch innere Anlagen bedingt ist, lehrt am eindeutigsten schon das äußere Bild der Provenienzflächen. Ebenso hat Münch (17 u. 18) die Bedeutung der Erbfaktoren für die Kronenform gezeigt. Auch kann man nur durch verschiedene Erbanlagen erklären, daß spitzkronige Kiefern und abgewölbte Kiefern auf demselben Standort nebeneinander vorkommen. Hierauf hat zuerst Kienitz (13) hingewiesen, Groß (11) bildet einen solchen Fall ab.

Es scheinen also innere und äußere Wuchsfaktoren bei der Kronenentwicklung der Kiefer beide stark mitzuspielen. Wie weit die äußeren Faktoren die inneren Anlagen übertönen können, wird beweiskräftig erst das spätere Ergebnis der Provenienzversuche zeigen können. Weitere Arbeiten über die Entwicklung der spitzkronigen Kiefer in Ostpreußen und in Mitteldeutschland sind außerdem im Gange.

Wie weit im einzelnen die Kronenform in den einzelnen Wuchsgebieten und auf den verschiedenen Standorten durch innere und durch äußere Faktoren bestimmt wird, kann auf Grund der vorhandenen Unterlagen nicht gesagt werden.

Angeführtes Schrifttum.

1. Burger, H.: Untersuchungen über das Höhenwachstum verschiedener Holzarten. Mitt. d. Schweiz. Zentralanstalt für das forstliche Versuchswesen. XIV, Heft 1, 1926.
2. Büsgen-Münch: Bau und Leben unserer Waldbäume. Jena 1927.
3. Dengler, A.: Kronengröße, Nadelmenge und Zuwachsleistung von Altkiefern. Z. f. Forst- und Jagdwesen 1937.
4. Dengler, A.: Über das Kronenwachstum märkischer Altkiefern. Z. f. Forst- und Jagdwesen 1937.
5. Dengler, A.: Fremde Kiefernherkünfte in zweiter Generation. Z. f. Forst- und Jagdwesen 1938.
6. Deutsches Meteorologisches Jahrbuch 1934, Teil III. Niederschlagsbeobachtungen. Berlin 1936 und Berlin 1937.
7. Ernst, F.: Kiefernkrüppelbestände in Bayern. Forstw. Zentralblatt 1936.
8. Fähser, E.: Untersuchungen über den Einfluß des Klimas auf Kieferndurchforstungsflächen. Unveröffentlicht.
9. Frerich, F.: Die Einwirkung von Dürrejahren auf Kiefern armer Standorte. Unveröffentlicht.
10. Ganßen, R. H.: Bodenuntersuchungen in Bärenthoren. Z. f. Forst- und Jagdwesen 1933.
11. Groß, H.: Zur Frage der Kiefernrassen. Mitt. d. Deutsch. Dendrolog. Gesellschaft 1932.
12. Hoffs u. Schröer: Untersuchung der Zusammenhänge von Wachstum und Wachstumsfaktoren bei Kiefernbeständen in der Oberförsterei Schönlanke. Unveröffentlicht.

13. Kieniß, M.: Formen und Abarten der gemeinen Kiefer. Z. f. Forst- und Jagdwesen 1911.

14. Knuchel u. Brückmann: Holzzuwachs und Witterung. Forstw. Zentralblatt. LXXIV, 1930.

15. Liese, J.: Zum Triebsterben der Kiefer. Der Deutsche Forstwirt 1935.

16. Mitscherlich, E. A.: Der Einfluß klimatischer Faktoren auf die Höhe des Pflanzenertrages. Schriften der Königsberger Gelehrten Gesellschaft. Halle 1933.

17. Münch: Die Kiefernrassen Deutschlands. Silva 1923.

18. Münch: Beiträge zur Kenntnis der Kiefernrassen Deutschlands. Allg. Forst- u. Jagdztg. 1924 u. 1925.

19. Rebel: Heidekrankheit reiner Föhrenbestockung. Z. f. Forst- und Jagdwesen 1921.

20. Schubert, J.: Über das Wachstum von Kiefernbeständen. Z. f. Forst- und Jagdwesen 1924. S. 473.

21. Schubert, J.: Niederschlag und Kiefernwachstum. Z. f. Forst- und Jagdwesen 1931.

22. Schubert, J.: Wärme- und Regenklima. Z. f. Forst- und Jagdwesen 1937.

23. Schwappach, A.: Die Kiefer. Neudamm 1908.

24. Schwarz, F.: Die Erkrankung der Kiefer durch Cenangium abietis. Jena 1895.

25. Schwarz, F.: Physiologische Untersuchungen über Dickenwachstum und Holzqualität von Pinus silvestris. Berlin 1899.

26. Schwerdtfeger, F.: Studien über den Massenwechsel einiger Forstschädlinge. Z. f. Forst- und Jagdwesen 1935.

27. Veröffentlichungen des Reichsamtes für Wetterdienst. Ergebnisse der Niederschlagsbeobachtungen.

28. Weber, R.: Lehrbuch der Forsteinrichtung mit besonderer Berücksichtigung der Zuwachsgesetze der Waldbäume. Berlin 1891.

29. Wecke, F. W.: Untersuchungen über die Kronenabwölbung bei der Kiefer. Unveröffentlicht.

30. Wiedemann, E.: Zuwachsrückgang und Wuchsstockungen der Fichte. Tharandt 1923.

31. Wiedemann, E.: Die praktischen Erfolge des Kieferndauerwaldes. Braunschweig 1925.

32. Wiedemann, E.: Bärenthoren 1934. Forstarchiv 1937.

33. Wittich: Beobachtungen über Wuchsstockung der Kiefer. Z. f. Forst- und Jagdwesen 1923.

34. Wussow, G.: Die Häufigkeit zu nasser und zu trockener Sommermonate im mittleren Norddeutschland. Veröff. des Pr. Meteorolog. Inst. Nr. 366. Berlin 1929.

35. Zimmermann, W. A.: Untersuchungen über die räumliche und zeitliche Verteilung des Wuchsstoffes bei Bäumen. Zeitschrift für Botanik 1936.